ESSAI

SUR L'ORGANISATION

DES

CHEMINS PUBLICS.

PARALLÈLE

ENTRE

L'ANGLETERRE ET LA FRANCE,

PAR

M. COLOMÈS DE JUILLAN,

INGÉNIEUR DES PONTS ET CHAUSSÉES,

DÉPUTÉ DES HAUTES-PYRÉNÉES.

AF474264

TARBES,

IMPRIMERIE DE F. LAVIGNE.

— 1836. —

AVANT-PROPOS.

Il ne faut pas remonter bien haut pour arriver à une époque où l'isolement était regardé comme un bon moyen de gouvernement et de félicité publique. Chaque province, chaque village, chaque famille, voyait avec inquiétude ses greniers se vider pour alimenter une autre famille, un autre village, une autre province. Au moindre signe de disette, tout échange s'arrêtait et chacun se renfermait dans son égoïsme; celui qui avait trop, pour ne manquer de rien, gardait tout au risque de perdre le superflu; celui qui n'avait pas assez était condamné à périr, quoique sa disette ne fût que momentanée.

Alors les voies de communication n'étaient souhaitées par personne, dans la crainte qu'elles ne devinssent un moyen de spoliation; alors les nations réalisaient la fable de l'avare périssant sur son trésor.

Cet égoïsme funeste a long-temps gouverné le monde; mais les peuples ont fini par comprendre que les malheurs sont rarement universels; que la disette en un lieu coïncide souvent avec l'abondance dans un autre; que la nature n'a pas également destiné tout pays à toute production, et l'isolement des temps de barbarie a fait place à un besoin d'échanges qui n'est en réalité qu'une assurance mutuelle entre les populations.

Aussi un cri s'élève aujourd'hui de toute part pour demander des voies de communication. Appliqués à cet usage, les sacrifices paraissent légers à tous, parce que tous en espèrent profit et bonheur.

Parmi les besoins qui travaillent la France, le plus urgent, le plus irrésistible est certainement la création d'un système complet de voies publiques. Chacun sent l'insuffisance actuelle; chacun jette autour de lui un regard inquiet et scrutateur pour découvrir ce qu'il faudrait lui substituer, et, s'il aperçoit un pays jouissant à un haut degré des avantages qu'il recherche, le résultat le prévient en faveur des moyens employés, et il se sent disposé à les adopter aveuglément.

Qui de nous a échappé à cette impression en jetant les yeux sur l'Angleterre, sur ses voies si nombreuses, si faciles, si bien appropriées à leur usage et obtenues sans le secours du trésor public? qui de nous n'a gémi sur la France, en voyant l'état si incomplet de ses communications, malgré les quarante millions quelle y consacre chaque année sur le budget de l'État? qui de nous enfin ne s'est demandé pourquoi la France n'agissait pas comme l'Angleterre?

Cette question, il faut l'avouer, a préoccupé tous les esprits, et il est une époque encore bien rapprochée de nous où la solution en eût été fortement influencée par la prévention favorable qui s'attachait au système anglais.

Aujourd'hui l'opinion publique paraît plus réservée. Elle a senti que lorsque nos voisins voient s'opérer dans leur organisation politique des changements si graves, si fondamentaux, ce n'est pas le moment d'adopter aveuglément un système dont la bonté est peut-être liée essentiellement aux mœurs et aux institutions politiques. Mais on commettrait une grave erreur, si l'on voyait dans cette disposition du moment une condamnation du système anglais. Il y a réserve, il n'y a pas jugement; et aussi long-temps que cette question ne sera pas complètement instruite, l'opinion publique hésitera sur le parti à prendre.

Cependant une telle solution ne peut être retardée sans danger pour le bien public et sans paralyser le zèle de ceux quelle inquiète dans leur avenir. D'ailleurs, une législation nouvelle sur les chemins vicinaux est soumise aux Chambres. Le moment est donc venu de discuter l'organisation générale des voies publiques, et c'est un devoir pour tous, surtout pour ceux à qui leur situation sociale a permis de s'occuper de cette question, d'apporter dans la discussion les notions qu'ils ont recueillies, les pensées qu'elles ont développées.

Une fois entré dans une fausse route, il serait plus tard si difficile de rétrograder que peut-être on se verrait forcé de marcher en avant au risque de manquer le but qu'on se serait proposé.

Cette publication est donc pour moi l'accomplissement d'un devoir civique. Heureux si par là je me rends utile à mon pays.

Colomès de Juillan.

ESSAI
SUR L'ORGANISATION
DES
CHEMINS PUBLICS.

CHAPITRE PREMIER.

Organisation actuelle des voies de communication en Angleterre et en France.

§ I.er
ANGLETERRE.

Classement.

Les voies de communication en Angleterre sont divisées en trois grandes classes :

Les voies purement commerciales, telles que chemins de fer, canaux, etc.,

Les routes de comté,

Les chemins de paroisse.

Chaque voie commerciale, et chaque route de comté, est déterminée par une loi spéciale.

Le chemin privé devient chemin de paroisse sur la demande des propriétaires et du consentement des habitants réunis, à cet effet, en assemblée. Si l'assemblée refuse, la question est portée devant les juges-de-paix réunis en session, qui décident définitivement.

Voies et moyens.

La voie commerciale est complètement livrée à l'industrie particulière, et tire toutes ses ressources des droits de péage qu'elle est autorisée à percevoir.

La route de comté est entretenue à l'aide des droits de barrière et des subventions paroissiales.

Celles-ci pouvaient s'élever, sous la législation antérieure à 1832, jusqu'à trois journées de prestations diverses, exigibles en nature ou en argent et réparties entre les diverses routes à barrières par les-juges-de paix du comté.

La législation de 1832 a détruit les prestations en nature et donné aux juges-de-paix la mission de transformer en une subvention en argent les secours dus par les paroisses aux routes à barrières qui traversent leur territoire.

Les chemins de chaque paroisse sont exclusivement à la charge de ses habitants. L'ancienne législation y pourvoyait au moyen de six journées de prestations exigibles en argent ou en nature. En 1832 les prestations ont été abolies et remplacées par une taxe qui peut s'élever, chaque année, jusqu'à trois schelins par livre, c'est-à-dire quinze pour cent du *revenu* de chaque habitant.

Administration. La voie commerciale est administrée, sans intervention de l'autorité publique, par l'industrie particulière qui l'exploite.

La route de comté est administrée par une commission spéciale, nommée par les diverses paroisses ou corporations intéressées à la route, suivant des formes déterminées par la loi d'établissement, et assistée d'un trésorier et d'un inspecteur, nommés et révocables par elle, et chargés, l'un des recettes, l'autre des dépenses.

Tous les chemins, à la charge de chaque paroisse, sont confiés à un gardien des routes *(way warden)*, nommé, le 25 mars de chaque année, par les habitants réunis en assemblée générale, ou, à leur défaut, par les juges-de-paix.

L'assemblée peut donner aux gardiens des routes un adjoint placé sous son autorité, et à qui il peut déléguer tous ses pouvoirs. Il peut être salarié.

Le gardien fait, quant aux chemins de paroisse,

tout ce qui, dans les routes de comté, est déféré à la commission spéciale, à l'inspecteur et au trésorier.

Police et juridiction.

Enfin toute question de police ou de juridiction pour toutes les voies de communication est déférée aux juges-de-paix.

Nota. Il existe une quatrième classe de voies de communication : les routes parlementaires. Elles sont construites et entretenues aux frais du trésor public, et administrées par des commissions spéciales nommées par le parlement. Ce n'est point le mouvement commercial qui en détermine la construction. Elles ont pour objet la défense du territoire, et sont si peu nombreuses qu'il suffit de les mentionner.

§ II.

FRANCE.

En France, l'organisation des voies publiques est toute différente. Nous avons :

1° Les voies péagères, telles que canaux, rivières navigables, chemins de fer ;

2° Les routes royales qui se subdivisent en trois classes selon leur importance ;

3° Les routes départementales ;

4° Les chemins vicinaux ;

5° Les autres chemins publics.

Classement.

Les voies péagères et les routes royales sont maintenant déterminées par la loi ; mais ce n'est que depuis ces dernières années que l'intervention du pouvoir législatif a été établie. Auparavant, les ordonnances royales suffisaient à ce classement.

Les routes départementales sont classées par ordonnance royale sur avis du conseil général.

Les chemins vicinaux sont classés et déterminés par arrêtés des maires sauf approbation des préfets.

Les autres chemins publics existent par eux-mêmes sans que la législation s'occupe d'eux.

Voies et moyens.

Les ressources consacrées à l'ouverture des voies péagères ont été jusqu'à ce jour fournies en très-grande partie par des subventions du trésor public, auxquelles sont venus se joindre les fonds de sociétés particulières; ceux-ci n'ont été que d'un faible secours. Des droits de péage perçus sur ces voies en forment le revenu principal; mais l'état est obligé, dans un grand nombre de cas, d'y subvenir pour compléter les intérêts qu'il a garantis aux capitaux privés engagés dans l'entreprise.

Les routes royales sont exclusivement à la charge du trésor public.

Chaque année, les fonds qu'on y consacre sont votés par les Chambres.

Les routes départementales sont à la charge du département : le conseil général vote, chaque année, les crédits qui leur sont destinés.

Les chemins vicinaux sont à la charge des communes sur les territoires desquelles ils sont situés. Le conseil municipal, assisté des plus imposés en nombre égal à celui de ses membres, lorsque les fonds ordinaires ne suffisent pas, vote, chaque année, les ressources qui leur sont consacrées, et qui peuvent consister en deux journées de prestations en nature, et, au cas d'insuffisance, en cinq centimes additionnels aux quatre contributions directes.

Les autres chemins publics s'entretiennent par eux-mêmes ou plutôt sont abandonnés à la spontanéité de ceux qui s'en servent; la législation semble les oublier complètement.

Administration.

L'administration des voies commerciales des routes royales et même des routes départementales a été jusqu'ici confiée au corps des ponts et chaussées, qui est une réunion d'hommes de l'art, puisant leurs connaissances à une source commune, puis disséminés sur toute la France, nommés et révocables par ordonnance royale, et se rattachant tous à un centre commun administratif dont le siége est à Paris.

Cette autorité exclusive des ponts et chaussées a été, dans les dernières années, légèrement modifiée pour les routes royales, par l'intervention d'une commission départementale composée du préfet, président, de deux membres du conseil général désignés par lui, de l'inspecteur divisionnaire et de l'ingénieur en chef, chargée d'arrêter, dans chaque département, la sous-répartition, entre les routes royales, de la somme consacrée par l'administration centrale des ponts et chaussées aux travaux d'entretien du département. Quant aux travaux d'art ou travaux extraordinaires, ils demeurent toujours soumis à la même centralisation qui appelle à Paris la décision de tout ce qui concerne les routes royales.

Cette centralisation ne pèse pas autant sur les routes départementales : celles-ci sont à peu près administrées par les ingénieurs du département sous la surveillance du préfet et sur les recommandations du conseil général qui, jusqu'à ce jour, n'a eu, sur la direction des routes départementales, que l'influence résultant du droit d'allouer les crédits, mais sans intervention directe dans la décision des questions qu'elles peuvent soulever.

Ainsi, dans les voies commerciales, dans les routes royales et départementales, l'administration est à peu près toute entière dans les mains des hommes de l'art.

En revanche sur les chemins vicinaux ils ne sont rien. Là on ne trouve même pas la trace d'un homme spécial. Le conseil municipal vote les ressources, le maire les administre comme il l'entend et sans avoir, pour ainsi dire, à en rendre compte qu'au préfet qui peut modifier ses décisions.

Police et juridiction.

Enfin, les questions de police et de juridiction sont déférées, pour les voies commerciales et les routes royales ou départementales, aux conseils de préfecture, qui sont des tribunaux administratifs nommés et révocables par le roi ; pour les chemins vicinaux, aux tribunaux de simple police, c'est-à-dire au maire.

Par cet exposé rapide, on voit qu'il existe des contrastes frappants dans l'organisation des voies publiques de l'Angleterre et de la France.

Le classement, les voies et moyens, l'administration, la police et la juridiction, tout diffère essentiellement ; et pour porter un jugement éclairé sur les avantages ou les inconvénients de ces deux systèmes, il est nécessaire d'examiner la question sous les divers points de vue que nous venons de signaler, et de rechercher, pour chacun d'eux, les principes qui doivent présider à cette importante organisation.

CHAPITRE II.

CLASSEMENT.

§ I.er

Principes généraux.

Communauté des chemins.

Si chaque famille tenait ses propriétés agglomérées autour de son habitation et se suffisait à elle-même, chacune pourrait avoir des voies de communication exclusivement destinées à son usage, et l'administration publique n'aurait pas à s'en occuper.

Mais il n'en est point ainsi. Le besoin d'un mutuel secours, la proximité d'un cours d'eau, d'une carrière, les avantages, en un mot, de situation ou de voisinage fixent les habitations sur un petit nombre de points.

D'un autre côté, la nécessité de varier les produits et d'amortir l'effet des accidents atmosphériques conseille à chaque famille de répartir ses propriétés dans des quartiers différents.

De là, communauté dans les chemins.

Cette communauté est l'instrument le plus actif du progrés social ; elle naît, elle grandit avec lui.

Publicité communale des chemins.

Renfermée d'abord dans les étroites limites de l'intérêt rural, elle a le caractère d'une propriété collective. Mais bientôt l'intérêt communal se réveille. Ce chemin rural, ouvert primitivement pour quelque besoin particulier, conduit à une fontaine, à un cours d'eau, à une carrière, à une forêt; il devient utile à la communication réciproque entre des propriétés, originairement sans relations communes, aujourd'hui ou demain possédées par le même propriétaire; et chacun peut s'apercevoir que la communauté des chemins, d'abord simplement rurale, doit être, dans l'intérêt de tous, étendue à tous les habitants de la commune.

Publicité générale des chemins.

La société générale intervient à son tour. Elle ne peut permettre à chaque commune de s'isoler du corps social. Il faut qu'on puisse communiquer avec elle, la parcourir, la traverser dans tous les sens; et si chaque chemin rural, considéré isolément, n'intéresse que faiblement la société entière, le nombre en est immense et l'intérêt croit avec lui. D'ailleurs cette extension donnée à une servitude, déjà presque complète, l'aggrave si peu qu'il y aurait folie à se priver de l'avantage qu'on y trouve.

Aussi l'intérêt collectif des communes, c'est-à-dire l'État, vient-il imposer à chacune d'elles, comme condition de son incorporation, l'obligation d'étendre la publicité de ses chemins à la société tout entière.

Cette publicité générale des voies de communication et l'intervention, sur tous les points, de l'autorité sociale dans la surveillance dont elles sont l'objet, est le principe le plus fécond de civilisation. Chercher à le paralyser dans l'intérêt de la propriété communale ou privée, ce serait méconnaître cet intérêt et rétrograder vers les temps de barbarie.

Ainsi, point de publicité simplement communale. Dès qu'un chemin a perdu le caractère de propriété privée en devenant public à tous les habitants d'une commune, cette publicité doit, dans un intérêt social, franchir à l'instant la limite communale et s'étendre à tous ceux qui, du dehors, peuvent venir en faire usage conformément aux lois.

Toutefois il ne faut point perdre de vue que cette communauté d'usage, établie en principe entre tous les chemins, ne s'exerce pour la plupart en réalité que de proche en proche, et n'a pas besoin d'entraîner une communauté absolue soit dans la propriété du sol, soit dans les efforts et les dépenses qu'ils occasionnent.

Cette vérité sera mieux sentie en pénétrant plus avant dans le mécanisme social.

§ II.

Mécanisme social.

Produire, échanger, c'est toute la vie sociale.

Toit domestique, villages, communes.

La production est inséparable de l'habitation; le toit domestique lui suffit ordinairement; cependant les avantages de situation et de voisinage agglomèrent les habitations dans certains lieux plus favorisés par la nature, et y forment des hameaux ou des villages, que des intérêts communs tels que le culte, la municipalité, un bois, des pacages, groupent en commune autour du clocher.

Marchés.

L'échange a lieu principalement dans les marchés; là producteurs et commerçants se donnent rendez-vous. Le trajet ainsi partagé permet à chacun de rentrer chaque soir sous le toit domestique, et, par ce mécanisme, de faire servir à l'échange, sans nuire à la production, les instruments et les loisirs de celle-ci.

Il faut donc à chaque pays des réunions marcadales assez nombreuses, assez variées, pour que le producteur ou le commerçant puisse, *sans découcher,* fréquenter celles qui l'environnent, et, dans leur variété, trouver pour tous ses produits, soit un échange réciproque ou de voisinage, soit un échange commercial.

Ainsi, de même que la production crée les hameaux, les villages, et limite l'étendue communale (1), de même l'échange détermine et espace (2) les marchés.

Voies de production.

Les voies de production unissent le champ au hameau, puis les hameaux entre eux et au clocher communal.

Voies d'échange.

Les voies d'échange doivent unir chaque commune aux divers marchés qui l'environnent et les marchés entre eux.

De là d'abord un réseau général de communication entre tous les marchés.

Embranchements.

Puis, si l'on remarque que la distance qui les sépare est moyennement quatre lieues, tandis que l'étendue communale moyenne est égale à une lieue carrée, on verra que, sur seize communes renfermées entre quatre marchés voisins, douze sont traversées et quatre touchées par le réseau marcadal. Ainsi, pour faire communiquer chaque commune avec ces quatre marchés, il suffira souvent d'ajouter au réseau marcadal quelques embranchements qui compléteront les voies nécessaires à l'échange.

De ces divers rapprochements résultent deux faits principaux :

Voies communales circonscrites dans la limite communale.

D'abord, ni l'échange, ni la production n'exigent

(1) La distance moyenne qui sépare les communes de la France est égale environ à 4,300 mètres, c'est-à-dire un peu plus d'une lieue.

En Angleterre, la distance moyenne entre paroisses est égale à 3,900 mètres environ; mais si l'on considère que souvent nos communes renferment plusieurs paroisses, on pourra en conclure que 4,000 mètres, c'est-à-dire une lieue se trouve à peu près le diamètre moyen que le mécanisme social assigne à l'agglomération communale.

(2) La distance moyenne qui sépare les marchés, en France, est égale à 16,300 mètres environ, un peu plus de quatre lieues.

impérieusement la communication entre clocher. Elle s'opère cependant, mais indirectement, de hameau à hameau, et suivant les besoins du simple voisinage, en sorte que chaque producteur doit communiquer tous les jours avec son champ, souvent avec son clocher, presque jamais avec les clochers voisins. Ainsi les voies de production, quoique souvent réunies entre elles d'une commune à l'autre, ne présentent cependant qu'un intérêt réciproque si faible qu'il est effacé par l'intérêt communal. On peut donc sans danger les considérer comme ne servant qu'aux exploitations renfermées dans la limite communale.

Voies d'échange exclusives de toute délimitation territoriale.

Pour les voies d'échange, au contraire, une délimitation territoriale est impossible. Ici chaque commune ne fréquente pas seulement le marché autour duquel elle se trouverait rangée : l'intérêt de ses échanges franchit ce cercle marcadal à tel point que les deux tiers au moins se portent au dehors.

Chaque voie unissant deux marchés voisins est fréquentée *dans toute son étendue* par les communes qu'elle traverse ou qui s'y rattachent par des embranchements. Les intérêts de l'échange, au lieu de se renfermer comme pour la production dans des circonscriptions territoriales, se groupent donc par ligne marcadale, et chaque commune se rattache à plusieurs groupes différents.

Subdivision des opérations commerciales.

Si les voies d'échange n'étaient parcourues que par les producteurs des communes qui s'en servent, il n'y aurait pas de distinctions à établir entre elles ; elles ne seraient partout que le complément de la production, car le producteur n'a fini sa tâche que lorsqu'il a porté le produit sur le marché.

Mais à côté de l'intérêt vicinal se développe à divers degrés l'intérêt commercial, et c'est lui qui fait varier l'importance des voies d'échange.

Les opérations de chaque réunion marcadale sont de trois espèces :

Entre les producteurs c'est un échange pour ainsi dire de voisinage. Les produits passent d'une main dans l'autre sans sortir du cercle marcadal ; c'est le premier degré de l'échange, il forme le *Bourg*. Bourg.

Entre le commerçant et le producteur s'établit le commerce de détail et d'assemblage. Les produits que chaque lieu livre à l'exportation sont ainsi recueillis dans les différents marchés, en échange de ceux que le commerce y importe ; puis rassemblés dans chaque contrée sur un marché central plus important où ils subissent un nouvel échange, soit entre eux, soit avec ceux que fournit le commerce général. Ce second degré de l'échange crée la *Cité*. Cité.

Enfin, entre les commerçants a lieu le commerce de transit. Les produits, nés ou rassemblés dans une cité, passent dans la cité voisine et empruntent soit au commerce de détail, soit aux producteurs eux-mêmes, des moyens de transport et des loisirs qui sans cela demeureraient incomplètement utilisés. Tantôt c'est un pays pasteur qui envoie ses bestiaux et ses fourrages à une contrée vignicole en échange de ses vins ; tantôt c'est un pays de montagne qui échange ses ardoises, ses chaux contre les céréales d'une contrée voisine. Chef-lieu.

Les deux premières opérations de l'échange sont à peu près semblables sur tous les points, et l'intérêt qu'elles présentent a un caractère essentiellement local ; mais il n'en est pas de même de la dernière : son importance varie selon la situation que le marché occupe par rapport aux cités environnantes, d'où partent les produits réciproquement transités. Il est clair que l'intérêt qui s'attache à cette opération n'est plus local, et que les dépenses qu'elle occasionne doivent être supportées par une collection d'intérêts plus étendue que la ligne marcadale.

C'est ainsi que par les voies de transit se fait l'échange réciproque entre les cités voisines, et que viennent s'agglomérer, dans une ville principale, tous les produits que les contrées environnantes laissent à l'exportation générale.

Jusques là l'échange a conservé un caractère essentiellement domestique. Il a emprunté à la production ses instruments et ses loisirs. Il a pu se faire sans *découcher*. Mais ici il prend un caractère différent : il se généralise. Les produits agglomérés dans les chefs-lieux sont obligés, pour passer de l'un à l'autre, d'employer, à cause de la distance qui les sépare, des moyens de transport indépendants du toit domestique.

Ce troisième degré de l'échange, qui part du chef-lieu, a donc un caractère cosmopolite, soit à cause des instruments qu'il emploie, soit parce que l'origine et la destination des produits sur lesquels il opère, allant presque toujours se perdre au loin dans la circulation générale, il devient impossible de lui tracer un cercle d'intérêts autre que l'intérêt général de tout le pays.

Résumé.

Les opérations de la vie sociale peuvent donc se résumer ainsi :

La production fait la Commune ;
L'échange vicinal fait le Bourg ;
Le commerce local fait la Cité ;
Le commerce général fait le Chef-lieu.

Cette division se trouve dans toutes les sociétés organisées : c'est qu'elle est l'ame de la sociabilité, et que ces quatre agents sont nécessaires pour tirer des ressources sociales le plus grand parti possible.

Diminuez le nombre de hameaux, de villages ; faites-en des bourgs : aussitôt la production est entravée par une distance trop grande entre le champ et l'habitation.

Supprimez les bourgs, et bientôt surgissent des inconvénients aussi graves, plus nombreux ; d'un côté les producteurs, privés de leurs réunions marcadales ;

sont réduits aux simples relations entre villages, et l'expérience prouve que l'étendue de ceux-ci, commandée par la production elle-même, ne suffit pas aux simples besoins de l'échange local. D'un autre côté, la cité devient trop éloignée du village pour que le producteur et le commerçant puissent se mettre en présence, sans s'éloigner plus d'un jour du toit domestique.

Supprimez les cités, et il n'y aura plus dans chaque contrée partielle, déterminée par une similitude de production ou quelqu'autre cause naturelle, un point central d'assemblage d'où le commerçant de détail puisse se transporter sur les marchés environnants, y détailler ses échanges, et rentrer le soir dans son domicile avec les produits que la contrée peut livrer soit au pays voisin par le commerce local, soit au commerce général en passant par le chef-lieu.

Enfin, sans ville principale, point de lieu central où les produits exportables, épars dans une contrée étendue puissent être rassemblés d'une manière économique, et offerts ainsi réunis au commerce général, qui ne les prend ni ne les livre autrement.

§ III.

Espèces diverses de transports déterminées par la vie sociale.

Le mécanisme social que nous venons d'analyser conduit à distinguer trois espèces de transports :

Les uns sont purement d'exploitation et agricoles en très-grande partie ;

Trois espèces de transports.

D'autres ont pour but de rassembler les produits disséminés dans les mains des producteurs, soit pour en faire l'objet d'un échange local, soit pour les offrir réunis au commerce général en échange de ses importations ;

Enfin, les transports commerciaux prennent les

produits ainsi rassemblés pour aller les verser au loin dans la circulation générale.

Chacun de ces transports a ses exigences particulières.

Transports d'exploitation.

Ainsi ce serait fort inutilement qu'on s'attacherait à disposer les chemins de l'agriculture de manière à effectuer les transports par grandes masses. Les produits que la nature dissémine sur le sol exigeraient, pour être ainsi réunis, des dépenses de main-d'œuvre plus fortes que l'économie présentée ensuite par le transport à l'habitation. Un tel assemblage serait d'ailleurs matériellement impossible partout où la propriété se trouverait très-divisée, et puis, une agriculture perfectionnée exige pour les engrais plus de bestiaux qu'il n'en faudrait à ses transports. Ce serait donc en vain qu'on irait lui construire des canaux, des chemins de fer; ce qu'il lui faut, ce sont des chemins enlevant à la culture le moins de terrain possible, abrégeant le trajet du champ à l'habitation, viables à toutes les époques où les transports agricoles doivent s'effectuer, et n'exposant pas à des accidents, à des secousses qui brisent les voitures, détériorent les produits et fatiguent les animaux.

Transports d'assemblage.

Les transports d'assemblage présentent à peu près les mêmes caractères et se rapprochent d'autant plus des transports agricoles que la propriété est plus divisée. C'est que l'agriculteur n'a fini sa tâche que lorsque le produit est livré au commerçant; et cette livraison n'a réellement lieu qu'après le transport au marché central. Jusques-là, les opérations de l'échange peuvent être diverses, mais elles conservent un caractère local : les transports demeurent domestiques et sont une utilisation des agents et des loisirs du producteur : les produits ne marchent que par petites masses et sont exposés à parcourir plusieurs fois le même trajet avant de trouver leur écoulement définitif. Aussi n'est-ce pas encore sur cette nature de transports que les canaux et les chemins de fer peuvent exercer une notable influence.

Transports commerciaux.

Les transports commerciaux ont un caractère tout différent. Le commerçant n'a pas, comme le producteur : un excédant de force motrice, et il tient les produits réunis en assez grande masse pour profiter de toutes les améliorations que reçoivent les routes sous le rapport du tirage. C'est lui surtout qui peut utiliser les chemins de fer et les canaux.

Trois catégories de voies publiques

On voit déjà que les voies publiques de communication doivent se distinguer en trois grandes catégories : les voies d'exploitation, les voies d'assemblage et les voies commerciales.

Voie de production.

La voie de production a une utilité groupée autour du clocher.

Voie d'assemblage.

L'intérêt qui s'attache à chaque voie d'assemblage rayonne de la cité principale où viennent aboutir les importations générales d'un côté, l'assemblage local d'un autre.

Voie commerciale.

Enfin à la voie commerciale, qui va verser les produits dans la circulation générale, il est impossible d'assigner d'autre cercle d'intérêt que l'État tout entier.

§ IV.

Classification actuelle des voies publiques de la France, comparée aux exigences du mécanisme social.

C'est en trois grandes classes que nos voies publiques se trouvent actuellement divisées? Nous avons des routes royales, des routes départementales, des chemins vicinaux. Notre classification est-elle donc en harmonie avec le mécanisme social?

Ce serait vrai, sans aucun doute, si les routes royales répondaient aux voies commerciales; si nos routes départementales comprenaient toutes les voies d'assemblage; si par chemins vicinaux nous n'entendions que les voies de production. Malheureusement il n'en est rien. Il suffit de jeter les yeux autour de nous pour voir que les routes royales sont les seules pour lesquelles l'assimilation soit possible.

Les routes départementales sont-elles jusqu'à ce jour autre chose que le réseau qui réunirait les cités du second ordre? Quant aux voies unissant les bourgs entre eux et aux cités, quant aux embranchements nécessaires aux communes pour arriver aux voies marcadales, tout cela est relégué dans les chemins appelés vicinaux et abandonné au bon vouloir de chaque commune; comme si aucun intérêt collectif ne se rattachait à ces voies; comme si le chemin que suit le laboureur, lorsqu'il transporte son produit au marché voisin, ne l'intéressait que sur le territoire de sa commune.

Le mal actuel se trouve donc beaucoup moins dans le nombre de classes que dans les limites qui les séparent.

Sans doute, dans chacune des trois grandes catégories que crée le mécanisme social, il y a des subdivisions à établir.

Voies commerciales; leurs subdivisions; leurs dimensions.

Ainsi les voies commerciales auront des classes différentes suivant l'importance de la ligne qu'elles desserviront. On conçoit cependant qu'à moins d'un mouvement extraordinaire et par conséquent accidentel, 11 mètres de largeur de chaussée doivent suffire parce qu'ils peuvent donner passage à trois grandes voitures et à deux cavaliers.

Voies de production subdivisées en deux classes.

Dans les voies de production on distinguera celles qui n'ont qu'une utilité rurale inhérente à l'exploitation des fonds de terre environnants, des voies qui servent à des besoins plus généraux de la communauté tels que la communication des hameaux entre eux, le chemin qui mène à l'abreuvoir, à la fontaine, au bois, au pacage, à une carrière, etc. Pour la voie rurale, la

Dimensions de la voie rurale.

largeur nécessaire au passage d'une seule voiture sera presque toujours suffisante, parce que les rencontres y seront très-rares, et que d'ailleurs l'une des deux voitures étant sans fardeau, celle-là pourra trouver aisément un refuge, soit dans les embranchements des autres chemins, soit dans les entrées ménagées aux champs riverains. Une largeur de chaussée égale à 4 mètres suffira le plus souvent; c'est la dimension qu'on donne ordinairement à l'entrée d'une habitation agricole. Dans le second cas, au contraire, deux voitures chargées peuvent se rencontrer à chaque pas, et il sera presque indispensable de donner à la chaussée 6 mètres de largeur.

Dimensions de la voie d'intérêt plus communal.

Voies d'assemblage subdivisées en trois classes.

Leurs dimensions.

Parmi les voies d'assemblage, on remarquera 1° le réseau de communication unissant tous les marchés entre eux, fréquenté à la fois par les producteurs environnants et par le commerce local; 2° les embranchements rattachant toutes les communes à ce réseau marcadal, sur chacun desquels on ne rencontrera que les producteurs des communes desservies par lui, mais en assez grand nombre, surtout les jours de marché, pour que la largeur de 6 mètres, qui suffit à la rencontre de deux voitures, doive être accrue de manière à donner en même temps passage au moins à un cavalier, c'est-à-dire portée à 7 mètres. La largeur des voies marcadales devra être plus grande et variée suivant l'importance des lieux qu'elles réuniront, sans toutefois qu'il semble nécessaire de l'étendre au-delà de 9 mètres qui suffisent au passage de trois voitures et d'un cavalier (1). Le réseau marcadal

(1) Dans toutes ces largeurs de voies publiques nous ne comprenons pas les fossés, parce qu'il est impossible de hasarder une évaluation sur les dimensions qu'il peut être convenable de leur donner. Elles dépendent évidemment de la quantité d'eau que la topographie des terrains environnants y accumulera. On peut toutefois prévoir que, dans le plus grand nombre de cas, une largeur d'un mètre suffira aux besoins ordinaires.

pourra donc lui-même se subdiviser en deux réseaux particuliers, unissant, l'un les bourgs entre eux où aux cités, l'autre les cités entre elles : le premier ayant 8 mètres de largeur de chaussée, le second 9, et en résumé les voies d'assemblage donneraient naissance à trois subdivisions : les voies d'embranchement qui auraient 7 mètres de largeur de chaussée, les voies de bourgs qui en auraient 8, et les voies de cité qui en auraient 9.

Confusion établie dans la loi de 1824.

Sans doute les deux premières subdivisions sont plus spécialement fréquentées par les producteurs; mais est-ce à dire pour cela qu'il faille les considérer comme voies de production et les assimiler aux chemins des communes dont l'utilité est circonscrite au territoire communal? Évidemment non : et cette évidence existait en 1824 comme elle existe aujourd'hui; aussi ne dirons-nous pas, comme quelques auteurs, que la loi de 1824 a été ce qu'il fallait qu'elle fût alors. Non; cette confusion de la majeure partie des voies d'assemblage avec les voies simplement communales n'était pas nécessaire pour refléter les idées, disons plus, les préjugés de cette époque. Non, en 1824, les populations n'auraient pas été surprises, si le législateur leur avait dit : *Les chemins qui sillonnent votre commune ne sont pas tous exclusivement à votre usage; les chemins qui vous sont nécessaires ne sont pas tous renfermés dans votre territoire communal; il existe des chemins d'un intérêt collectif; il leur faut des ressources et une administration collective.* Au lieu de ce langage, la loi vint dire aux communes : *Tous les chemins situés sur votre territoire sont à votre charge, quelle que soit la fréquentation qui leur vienne du dehors; mais vous y ferez les réparations qu'il vous plaira;* et chaque commune, pour ne pas travailler seule à ce qui ne lui était pas exclusivement utile, a répondu par une inertie absolue.

§ V.

Classement des voies publiques de l'Angleterre.

Deux grandes catégories.

L'Angleterre n'a pas commis la faute que nous venons de signaler. Elle n'a, à la vérité, que des routes de comté, et des chemins de paroisse; mais les premières comprennent, nous l'établirons dans le chapitre suivant, tout ce que nous avons appelé réseau marcadal, et dans lequel nous avons distingué des routes royales, des routes départementales et des chemins vicinaux.

Les embranchements de ces derniers sont, il est vrai, relégués aussi parmi les chemins de paroisse. C'est un mal, parce qu'ils participent évidemment à l'intérêt collectif des voies d'assemblage : l'état, qui demande à chaque commune sa contribution aux charges publiques, lui doit le moyen de réaliser ses valeurs; et comment y parviendra-t-elle si elle n'est pas mise en communication avec le réseau marcadal? Nous verrons dans le chapitre suivant que nos voisins sont pénétrés de cette vérité, et que s'ils ne l'ont pas mise en pratique, c'est que ces embranchements n'auraient pas trouvé, dans les produits d'un péage, des ressources suffisantes, et que ce principe a fait jusqu'ici la base des routes de comté. C'est son organisation politique qui a forcé l'Angleterre à laisser les embranchements vicinaux à l'administration des paroisses; mais du moins elle leur a soustrait dès l'origine tout le réseau marcadal, et par là, elle a échappé à la majeure partie des inconvénients de notre classement actuel.

Quant à la confusion qu'elle a faite en une seule catégorie des routes royales, des routes départementales et des chemins vicinaux, il faut l'attribuer à deux causes : d'abord à l'identité des ressources consacrées à leur entretien, puis à l'existence dans ce pays d'un grand nombre de voies navigables qui lui a permis de ne pas distinguer, dans ses routes de terre, des voies plus spécialement nécessaires au commerce général.

Conclusions du chapitre.

Nous voyons déjà surgir entre les deux pays une différence dans le classement des voies publiques, fondée sur leur organisation respective; il y a donc mieux à faire qu'à imiter aveuglément. Toutefois, il faut en convenir, en Angleterre, l'organisation des routes, qui date déjà de si loin, a une grande supériorité sur celle que nous possédons aujourd'hui, laquelle ne remonte cependant qu'à 1824. C'est qu'à cette époque nous commîmes une faute législative. Auparavant, l'organisation de nos voies publiques n'était qu'incomplète; la loi de 1824 ne la compléta nullement, et elle la rendit fausse. Hâtons-nous donc de la changer; et, avant tout, redonnons aux voies d'assemblage, si mal à propos confondues avec les voies de production, le caractère collectif qu'elles n'auraient jamais dû perdre.

Nous avons analysé dans ce chapitre la nature, l'importance, et les dimensions des diverses voies publiques auxquelles le mécanisme social donne naissance; il nous faut maintenant rechercher quels travaux elles nécessitent, et par quels moyens on devra y pourvoir; ce sera le sujet du chapitre suivant.

CHAPITRE IV.

VOIES ET MOYENS.

—

§ I.er

Ressources employées jusqu'à ce jour aux voies publiques.

Trois catégories.

Les ressources qu'on a jusqu'à ce jour consacrées aux voies publiques ont varié suivant les pays et les époques, mais peuvent être rangées en trois catégories différentes, savoir :

Les droits de péage ;

Les contributions générales ;

Les contributions locales.

Examinons chacune d'elles en particulier.

Système des barrières.

Le système des barrières est en usage en Angleterre depuis longues années pour les routes de comté qui ne sont autres que celles que nous avons appelées plus haut voies marcadales ; et les résultats obtenus ont répondu au but qu'on s'était proposé.

La France, en 1796, voulut imiter cet exemple ; mais elle fut obligée d'y renoncer dix ans après ; et le 22 avril 1806, M. Gaudin, alors ministre des finances, vint en demander l'abolition en ces termes.

« Cette perception (l'impôt sur le sel) remplacera la taxe d'entretien qui n'a pu parvenir à se naturaliser en France, et qui excite des rixes fréquentes et de continuelles réclamations. »

Essayons d'expliquer cette différence.

Inapplicable aux transports agricoles et d'assemblage.

Il est d'abord facile de voir que l'on commettrait une grande faute si l'on appliquait le système des barrières aux transports agricoles et d'assemblage. Chacun sent, en effet, combien l'agriculteur serait gêné, vexé par ce genre de perception qui l'arrêterait, à chaque instant du jour, au milieu de ses travaux, alors peut-être que le prix du produit qu'il transporte lui devient nécessaire pour en acquitter le péage. Mais il y a plus ; il serait souverainement injuste ; et c'est ici le lieu de combattre cette maxime qui consiste à dire que chacun doit à la société en raison du dommage qu'il lui cause.

Non, ce n'est pas en raison du dommage que nos intérêts privés entraînent que nous devons concourir aux charges publiques ; c'est en raison du bénéfice que nous retirons de l'état social.

Tout le monde sait, en effet ; que moins les

agriculteurs possèdent de terrain, plus ce terrain est disséminé, et plus ils sont proportionnellement exposés à faire de voyages soit pour récolter leurs produits, soit pour en réaliser le prix.

Qu'un propriétaire possède de grandes masses de produits semblables, il verra le commerçant se transporter chez lui pour en faire l'acquisition, et ils ne quitteront ses greniers que pour n'y plus rentrer.

Au contraire, le petit propriétaire sera forcé de transporter ses faibles productions sur trois, quatre marchés différents avant de trouver un acheteur à un prix raisonnable, parce que le commerçant qui effectue ses transports par grandes masses, n'achète que lorsqu'il espère promptement réunir tout ce qui lui convient.

Faudra-t-il donc que le petit propriétaire, parce qu'il aura été obligé de parcourir quatre ou cinq fois la route avec le même produit, paie quatre ou cinq fois le droit de péage, tandis que le grand propriétaire n'aura dû le payer qu'une seule fois? Évidemment non; car ce n'est pas la faute du premier si la société est organisée de telle sorte qu'il soit obligé de lui causer plus de dommages pour n'obtenir que le même résultat, la réalisation de ses produits. Et n'est-ce pas assez déjà que l'excédant de travail que lui impose cette organisation?

Il est donc bien démontré que le système des barrières appliqué aux transports agricoles et d'assemblage, serait nuisible, irritant, impolitique, souverainement injuste, et tout cela à un degré d'autant plus élevé que les propriétés seraient plus morcelées, les fortunes plus divisées.

Applicable aux transports commerciaux.

Il n'en serait pas de même pour les transports commerciaux. Ceux-ci, toujours faits par grandes masses, ne reviennent jamais sur leurs pas, procurent des avantages proportionnels au nombre de voyages, et utilisent toute amélioration dans la force motrice, toute diminution dans le tirage. L'on pourrait donc ici, sans injustice, demander au péage les dépenses nécessaires à l'entretien des routes.

Mais le développement social ne serait-il pas gêné par ce genre de perception?

Il gêne le progrès social.

C'est là une question de haute importance.

Un principe d'économie politique établit que toute industrie est mauvaise dès que les bénéfices qu'elle procure ne peuvent pas suffire à toutes les dépenses qu'elle nécessite. La justesse de ce principe est incontestable; mais il faut prendre garde d'en tirer de fausses conséquences; et c'est ce qui arriverait si l'on prétendait que cet excédant des bénéfices sur les dépenses doit avoir lieu à toutes les époques de l'entreprise. Il est des opérations fort onéreuses dans l'origine, qui ne réalisent tous leurs avantages que par un développement successif; et elles ne laissent pas toutefois que d'être lucratives et fort utiles si les bénéfices de l'avenir dépassent les pertes du passé. Seulement elles ne sont pas à la portée de tout le monde, parce que les avances qu'elles nécessitent exigent des capitaux souvent fort considérables. Il en est qui, pour ce motif et à cause de la lenteur des résultats, ne peuvent être entreprises que par la société entière, parce qu'elle seule possède assez de ressources, assez d'avenir pour pouvoir attendre.

L'établissement des routes est dans ce cas. Une grande partie des dépenses soit de construction, soit d'entretien, reste la même, quelle que soit la fréquentation à laquelle elles sont exposées, et plus cette dernière se développe, plus l'opération devient avantageuse à la société.

C'est donc vers ce développement que tous les efforts doivent être dirigés. Il faut inspirer aux populations le goût des échanges, et il arrive d'autant plus vite que les transports sont moins chers. L'appât du gain est plus puissant que tout autre moyen pour faire rechercher et découvrir les matières échangeables.

Le système des barrières produira-t-il ce résultat?

Que dirait-on d'un voiturier qui, voyant ses essieux usés par le mouvement de rotation des roues, chercherait une compensation à cette dépense en cessant de les graisser? Certes on crierait à la démence. Voilà pourtant ce que fait un état qui oppose le système des barrières à ses propres transports.

Pourquoi l'Angleterre a eu recours au système des barrières.

On ne manquera pas d'objecter que l'Angleterre a pris cependant un assez bel essor sous l'influence de ce système. Il faudra répondre d'abord que, lorsqu'elle a songé à y recourir, sa propriété commerciale avait déjà pris une telle force que non-seulement elle ne pouvait plus être arrêtée, mais qu'il devenait impossible d'entretenir les routes sans recourir au trésor public; et nous allons voir pourquoi elle ne l'a pas fait. Nous ajouterons que cet immense mouvement commercial est effectué presque tout entier pour le compte du commerce extérieur, et que par conséquent ce sont les peuples étrangers qui paient la plus grande partie de ces droits de péage. Nous dirons enfin qu'il n'est pas démontré que l'Angleterre elle-même n'eût trouvé plus d'avantages à demander au trésor public les ressources qu'elle a puisées dans le système des barrières. Il est probable, au contraire, qu'elle a été entraînée dans cette voie, moins par son intérêt financier que par son organisation politique dont le caractère dominant est la dissémination aristocratique du pouvoir souverain, principe essentiellement opposé à la centralisation administrative qui fût résultée d'un appel au trésor public.

Pourquoi la France doit le repousser.

Mais en France, où trouvons-nous quelque chose de semblable? nos routes sont-elles couvertes de matières premières qui viennent de l'étranger se faire manufacturer dans nos ateliers, pour aller ensuite chercher leurs consommateurs au dehors, de telle sorte que notre pays ne soit pour elles qu'un lieu de passage? Notre prospérité commerciale a-t-elle pris un essor qui ne puisse plus être arrêté?

Eh! sitôt que nous nous éloignons de la capitale et de quelques autres grands centres de consommation, que trouvons-nous sur nos chemins? Beaucoup de transports locaux, très-peu de transports commerciaux.

Ce n'est donc pas la France qui peut avoir quelque intérêt à se servir du système des barrières. Qu'elle ne perde pas de vue l'essai infructueux qu'elle en a fait pendant la révolution, et dont il faut attribuer l'insuccès à l'incompatibilité du système avec notre organisation sociale, et non, comme quelques auteurs l'ont dit, à la faiblesse de l'autorité publique; car il a duré jusqu'en 1806, et certes alors, les liens gouvernementaux étaient loin d'être relachés.

Si des circonstances impérieuses nous forcent à y recourir, gardons-nous du moins de l'appliquer aux transports qui n'auraient pas un caractère purement commercial, et réservons-le pour les voies de communication exclusivement commerciales, telles que canaux ou chemins de fer.

Là du moins on ne force pas la prospérité à rétrograder; et lorsque à l'aide d'un péage on parvient à éviter l'intervention du gouvernement, toujours inséparable d'abus nombreux, ont fait certainement l'application la moins nuisible de ce système; mais il est incontestable que, même dans ce cas, les droits de péage sont un obstacle puissant au développement commercial. Les ressources qu'ils procurent, ressemblent assez aux économies que ferait un mécanicien aux dépens de l'onctuosité des rouages, dans le jeu d'une machine compliquée. Le résultat définitif serait, ou une diminution de produit, ou une augmentation de dépense.

Contributions générales.

Examinons maintenant s'il faut demander au trésor public d'un état toutes les dépenses nécessaires à toutes ses voies de communication.

Ce système serait incontestablement celui qui développerait le plus promptement la prospérité d'un pays, s'il ne présentait, dans l'exécution, des inconvénients qui en atténuent considérablement les bons effets.

Il faut placer au premier rang les difficultés, les abus, tous les frais, en un mot, qu'entraînent avec eux les deniers publics pour être perçus, centralisés d'abord, disséminés ensuite.

Puis, il ne faut pas se dissimuler que le contribuable supporte avec plus de résignation les sacrifices qu'on lui impose lorsqu'ils sont immédiatement appliqués à une amélioration dont il profite personnellement, tandis qu'il voit avec une espèce de jalousie ses contributions disparaître dans les coffres de l'État, parce qu'il en perd la trace et qu'alors il a peine à croire à un retour d'utilité pour lui.

Enfin il y aurait une injustice apparente à faire contribuer toute la France à l'entretien des chemins de telle commune. Il ne faut pas toutefois donner à cette raison plus d'importance qu'elle n'en mérite, et pour cela ne pas oublier que, réciproquement, cette commune contribuerait à l'entretien des chemins appartenant à chacune des autres.

Quoiqu'il en soit, il est à peu près évident qu'à moins de cas extraordinaires et exceptionnels, il est convenable de n'appliquer les contributions générales qu'aux besoins généraux; c'est-à-dire que, dans la question qui nous occupe, il faut plus spécialement les destiner aux transports commerciaux.

Contributions locales.

Il nous reste à examiner le troisième moyen : les contributions locales.

Elles ont un caractère bien différent selon quelles sont en argent ou en nature.

En argent.

En argent, elles représentent la valeur d'un temps déjà employé d'une manière utile ; et la contribution est dans sa totalité un sacrifice imposé à celui qui la subit.

En nature.

Il n'en est pas de même pour les contributions en nature. Celles-ci ne sont vraiment un sacrifice qu'autant que les contribuables auraient pu occuper leur temps d'une manière lucrative pour eux. Mais si l'on a soin de ne leur demander que les moments perdus pour leurs travaux particuliers, le sacrifice s'atténue au point de disparaître presque en entier ; et cette espèce de contribution devient alors pour la société sa ressource la plus précieuse ; car, sans s'appesantir sur personne, elle peut produire d'immenses résultats.

C'est donc ce caractère qu'on doit toujours tâcher de leur imprimer, et cependant c'est, jusqu'à ce jour, ce dont on s'est le moins occupé.

Corvées.

Avant la révolution, les prestations en nature portaient le nom de *corvées*, et la signification actuelle de ce mot dit assez combien le travail qu'il désigne devait être désagréable à celui qui le subissait. C'est qu'alors les corvées étaient une véritable vassalité, un travail d'esclave. Les caprices du maître, les vexations subalternes gâtaient presque toujours cette institution ; et, alors même qu'elle était employée avec sagesse et équité, elle produisait cette irritation que l'arbitraire fait naître partout où il commande.

La révolution de 89 qui venait détruire le privilége ne put pas distinguer dans cette institution ce quelle avait de vraiment utile : elle l'emporta tout entière.

Prestations en nature.

Depuis lors il a fallu revenir de ce premier entraînement, et la raison, plus puissante que le préjugé, a fait revivre les prestations en nature pour la réparation des chemins communaux. Mais cette fois on a eu soin de les dépouiller de ce principe de vassalité et de basse tyrannie, qui autrefois étaient leur cortége nécessaire, et la cause principale de l'antipathie qu'elles soulevaient. Aussi les préventions que le souvenir des anciens abus devait faire naître dans l'esprit des laboureurs, se sont peu à peu effacées. Les reproches qu'on adresse aujourd'hui aux prestations en nature ne touchent plus à l'organisation politique : ils sont devenus purement pratiques. On les trouve injustement réparties et mal employées; mais tout le monde comprend que la société a des loisirs forcés qu'il peut être important d'utiliser, et si les prestations en nature procurent ce résultat, elles sont une ressource d'autant plus puissante, que le sol plus fertile et la propriété plus divisée nourrissent une population nombreuse et agricole.

Mais aussi, dès qu'elles cessent d'être pour le prestataire une simple utilisation de ses loisirs et de ses instruments, le but est manqué : elles deviennent un détestable moyen de contributions parce qu'il n'a plus pour lui ni la simplicité de la perception, ni la spontanéité des contribuables.

Prestations en journées. (*Loi de* 1824).

C'est là un défaut principal de la loi du 28 juillet 1824. L'article 3 porte que les prestations en nature *exigibles* ne seront jamais que des journées de manœuvres et d'attelages.

C'est le plus mauvais système qu'on pût adopter dans l'intérêt des populations et des chemins.

D'abord, il est clair que les prestataires doivent alors être réunis en atelier. Cette obligation, quelque précaution que l'on prenne, ne peut manquer de contrarier le plus grand nombre, parce que le même jour ne saurait également convenir à tous, et que d'ailleurs ce n'est le plus souvent qu'une portion de la journée dont l'habitant peut disposer, sans préjudice pour ses intérêts privés.

En second lieu, il est évident que les résultats obtenus de cette manière doivent être considérablement affaiblis et par la disposition où chacun se trouve de se fatiguer le moins possible, ne fût-ce que pour réserver ses forces à ses propres travaux, et par l'impossibilité d'établir un ordre et une surveillance convenables au milieu d'un atelier où chacun ne paraîtra que deux jours et qui verra ainsi sa composition changer à chaque instant.

Toutes ces causes fâcheuses agissent si puissamment que l'on a vu souvent la valeur des travaux obtenus ne pas atteindre le cinquième du prix attaché aux journées employées.

Ainsi, d'un côté, charge réelle pour le prestataire qui n'est pas le maître de ne donner que ses loisirs, et, de l'autre, nullité inévitable de travail; c'était plus qu'il n'en fallait pour aliéner à ce système l'opinion publique.

Prestations en tâches de travail.

On a proposé, pour remédier à ces inconvénients, de transformer les journées en un équivalent de travail effectué. Ce serait assurément une notable amélioration, mais est-elle exécutable ?

On a cité les fournitures de graviers. Pourquoi, s'est-on dit, ne pas demander à chaque habitant, au lieu de sa journée de prestation, une certaine quantité de matériaux déterminée d'après un tarif arrêté par le conseil municipal ?

Cette application, si simple en apparence, est hérissée de difficultés. Et d'abord, a-t-on bien réfléchi à l'extension qu'il faudrait donner à ce tarif, même pour ce seul objet (la fourniture des matériaux), dont il n'est pas rare de voir quadrupler la valeur d'un point à un autre de la même commune. Et si, pour simplifier, on fixe un prix unique, pense-t-on que les populations souffriront, sans murmurer, l'arbitraire qu'on sera obligé de laisser à l'agent d'exécution, sur la désignation du lieu où chaque prestataire devra porter sa quote-part?

D'ailleurs, ira-t-on demander à celui qui n'a que

des bras une fourniture de matériaux? Mais alors on aggravera notablement sa position; car on l'obligera à louer une voiture quelquefois pour un travail qui n'exigera pas un dixième de journée. Mieux vaudrait cent fois, pour lui, payer sa tâche que l'exécuter; et l'on est conduit à ce résultat bizarre et inique, que c'est le plus pauvre qui est obligé de transformer en argent sa prestation.

Et puis, n'existe-t-il pas une foule de travaux de terrassement, de réparation, de main-d'œuvre, qui ne peuvent pas être appréciés même approximativement? La transformation pour ceux-là serait donc tout-à-fait impossible.

Que l'on songe enfin aux détails infinis qu'entraînerait avec elle la fixation à chaque habitant du travail qu'il aurait personnellement à faire, et qu'on dise quels agents d'exécution sont en état d'y suffire.

Tâches par communes.

On a cru lever cette difficulté, pour les chemins vicinaux, en conseillant d'indiquer les tâches par communes, et l'on ne s'est pas aperçu qu'on ne faisait que la déplacer. De l'agent-voyer vicinal on la transporte au maire, mais sans la résoudre.

Si du moins ce système atteignait le seul but rationnel des prestations en nature, *l'utilisation des loisirs et des instruments que les travaux ordinaires laissent disponibles*, l'inégalité dans la répartition pourrait être tolérable; mais malheureusement on est loin d'y parvenir, et, pour s'en convaincre, il suffit d'examiner quels sont en effet ces loisirs dont les populations peuvent disposer.

Loisirs agricoles.

C'est surtout à l'agriculteur que la nature impose de nombreuses pertes de temps et de forces.

Tantôt c'est sa voiture qu'il conduit vide aux champs pour en rapporter sa récolte; tantôt, au contraire, elle y va pleine d'engrais et en revient vide. Un jour, c'est la rosée qui empêche d'utiliser la matinée; un autre, la nécessité de laisser sécher les fourrages commande une inaction de quelques heures.

En un mot, l'agriculture, par la force même des choses, laisse au laboureur un nombre infini de moments qu'il ne peut utiliser. Il a peu de journées incessamment remplies, et si, dans les instants d'inaction, on tenait à sa portée une occupation qu'il pût prendre et laisser à volonté, le travail qui en résulterait serait pour lui une pure conquête, d'autant plus précieuse qu'elle ne lui coûterait aucun sacrifice. Tandis que, si cette occupation est lointaine, s'il n'est pas le maître d'en fixer l'heure, d'en limiter la durée, aussitôt elle lui devient onéreuse parce qu'il ne peut plus subordonner à ses autres occupations ce travail complémentaire. La valeur de celui-ci n'est plus alors seulement supplétive; car il fait invasion dans les moments lucrativement employés.

Quoiqu'il en soit, il est clair que les instruments et les loisirs agricoles peuvent être employés facilement à un grand nombre de travaux nécessités par les voies de communication, toutes les fois que ces travaux ont lieu à côté du champ.

Les autres classes de la population ne sont pas dans la même situation.

Le simple prolétaire n'a que ses bras pour vivre. Lorsqu'il ne travaille pas moyennant salaire, il souffre; et la journée qu'on lui demandera pour les chemins sera peut-être celle qui lui aurait donné du pain. Si c'est une tâche qu'on exige de lui, sa position est encore plus aggravée; car, nous l'avons déjà vu, ses bras, sa seule propriété, ne lui suffisent plus; il faut en outre qu'il paie le service des voitures ou des instruments qui lui manquent.

Le prolétaire est sans loisirs.

L'artisan est dans le même cas; tout son temps est absorbé par son métier, et ses instruments, comme ses habitudes, sont loin de convenir aux travaux des routes.

L'artisan est dans le même cas.

L'industrie permanente toujours occupée.

Quant à l'industrie, si elle est domestique, elle n'est elle-même qu'une utilisation des loisirs de l'agriculteur; si elle est permanente, elle occupe constamment les bras et les instruments qui y sont consacrés.

Il n'y a donc, en définitive, que l'agriculture qui ait des loisirs et des instruments en harmonie avec les travaux des routes; c'est donc à elle seule qu'il faut demander les prestations en nature, et encore doivent-elles être placées à côté du champ. Sans cette condition, elles sont non-seulement impraticables, mais même sans objet; et une contribution en argent leur devient à tous égards préférable.

Conclusion sur les prestations en nature.

L'examen sérieux des prestations en nature nous conduit donc à conclure :

1° Qu'elles ne sont rien si elles n'ont pas pour but d'utiliser le temps perdu et les instruments disponibles.

2° Que l'agriculture seule a des loisirs et des instruments propres aux travaux des routes.

3° Que ces loisirs sont inséparables du champ, et ne peuvent être employés à des travaux prescrits au loin.

D'où il résulte que ni le système de la loi du 24 juillet 1824, qui ne demandait que des journées, ni celui qui consisterait à les transformer en travail équivalent, déterminé chaque année, ne sont appropriés au but que les prestations doivent atteindre. Et s'il n'y avait pas d'autre moyen de les employer, mieux vaudrait leur substituer une contribution en argent, qui aurait du moins l'avantage d'une répartition équitable et d'une exécution facile.

Tâches permanentes d'entretien.

Heureusement nous ne sommes pas réduits à cette impuissance. Il reste un moyen que le bon sens des populations leur a fait employer dans des localités qui nous sont connues. Il consiste à assigner à chaque champ, sur un chemin circonvoisin, une tâche permanente comprenant seulement l'entretien ordinaire et à l'exclusion des ouvrages d'art ou extraordinaires, laissés aux ressources communes.

La distinction entre ces deux espèces de travaux est toujours facile à faire. Les premiers sont pour ainsi dire superficiels; ils varient peu d'un point à l'autre. Les autres sont accidentels ou exigent des mains-d'œuvre particulières, qui constituent un métier, une profession spéciale.

Les prestations en nature ainsi transformées en une tâche permanente peu éloignée et dépendante du champ lui-même, présentent des avantages incalculables.

Et d'abord plus d'estimation d'ouvrages : chacun fait tout ce qu'il y a à faire chez lui. S'il travaille beaucoup aujourd'hui, il aura moins à faire demain. S'il est négligent, c'est lui seul qui en portera la peine.

Les loisirs et les instruments disponibles sont facilement utilisés. Au lieu de conduire à son champ sa voiture vide, l'agriculteur passe devant une carrière et y charge des matériaux qu'il porte sur son chemin. S'il lui faut attendre que le soleil ait fait disparaître la rosée ou séché la récolte, il emploie ces instants sur son chemin, à recurer un fossé, à casser quelques pierres, à réparer un accotement, à combler une ornière. Le labourage lui fournit-il des matériaux propres à la viabilité? il les ramasse et s'en sert, toujours pour son chemin. En un mot, le morceau de chemin qui lui est assigné devient comme sa propriété particulière; il le soigne comme il soigne son champ; la même spontanéité, le même amour propre l'entraîne à s'y consacrer, et, par cet admirable mécanisme, l'intérêt individuel se trouve, sur tous les points, identifié avec l'intérêt général.

Mais la mise en pratique de ce système est-elle aussi facile que le principe est satisfaisant?

Distribution des tâches permanentes.

Il semble, au premier coup-d'œil, que la répartition des tâches d'entretien entre les différents immeubles doit jeter dans des détails d'exécution fort étendus; mais, à mesure qu'on y réfléchit, on voit la complication disparaître et faire place à une grande simplicité d'exécution.

D'abord, il est clair que dans tous les cas il doit être beaucoup plus facile de distribuer ainsi, *une fois pour toutes*, les voies publiques d'une commune entre les divers immeubles situés sur son territoire, qu'il ne peut l'être d'assigner chaque année, et souvent plusieurs fois par an, à chaque habitant la portion de travail qu'il aura à faire, dans des ouvrages dont l'appréciation ou la division sera toujours difficile, presque toujours impossible.

Sections ou polygones.

L'avantage du premier système devient incontestable dès que l'on réfléchit que le sol est partagé par les voies publiques de toute nature en sections ou polygones dont elles forment le périmètre; et en considérant chaque section comme un tout indivis, il devient extrêmement facile de distribuer entre elles les tâches d'entretien. Il suffit en effet d'attribuer à chaque polygone la moitié des voies qui l'entourent, l'autre moitié étant laissée aux polygones circonvoisins. Par là, chaque polygone se trouve chargé de son propre périmètre; et, sur une voie quelconque, la tâche afférente à chaque section se trouve naturellement déterminée par les embranchements des autres chemins.

A côté de cette simplicité se trouve, il est vrai, une certaine inégalité de répartition, provenant, en premier lieu, de ce que toutes les sections n'étant pas également étendues, le rapport du périmètre à la superficie peut varier de l'une à l'autre; en second lieu, de ce que les chemins formant les divers périmètres ont une largeur et une importance très-variables.

Il y a loin en effet d'un chemin rural à une route royale, et si celle-ci était mise pour tous ses travaux d'entretien à la charge des polygones riverains, il est évident que l'inégalité de répartition serait choquante ; mais elle disparaîtra si on dispense les tâches permanentes de l'entretien de l'empierrement pour les routes royales et pour les routes départementales. Réduites à leurs accotements, elles ne seront pas plus onéreuses que les autres chemins publics, et l'objection tirée de l'inégalité de charges entre les polygones divers disparaîtra.

Cette objection d'ailleurs n'a pas autant de gravité qu'il semble au premier abord ; il ne faut pas perdre de vue que la proximité entre le champ et la tâche assignée donne des facilités qui compensent amplement l'étendue que cette nécessité impose, et qu'il n'est personne qui n'aime mieux avoir plus à faire, pourvu que ce soit à côté de sa propriété. C'est que le travail *qu'on peut exécuter à loisir* est loin d'avoir pour celui qui s'y livre toute la valeur dont il serait susceptible sans cette facilité ; et pourvu qu'il ne dépasse pas la limite des loisirs, son étendue est presque sans importance. Il y a plus, il n'est pas rare de voir aujourd'hui sur nos routes, des propriétaires réclamer comme une faveur la faculté de retirer du fossé les sédiments qu'il contient pour les transporter sur leur champ et rapporter, en compensation, sur les accotements toute la terre qu'ils peuvent exiger. Ils trouveront donc quelque fois, dans l'entretien des chemins, une source de profits agricoles.

Il est une autre considération qui mérite également attention : c'est que lorsque une section est considérable, il doit exister des chemins particuliers qui n'entrent pas dans le domaine public, mais qui n'en sont pas moins à la charge de la section. La somme des efforts que l'état social lui impose pour son exploitation devient donc, en définitive, à peu près la même, et l'inégalité de répartition sur les voies publiques tourne presque toujours au profit de l'équité.

On peut encore objecter qu'en partageant ainsi chaque chemin selon son axe, on le coupe en deux moitiés qui, étant confiées à des mains différentes, présenteront des contrastes de viabilité, et, en portant la fréquentation sur le côté en meilleur état, pourront devenir une prime à la négligence.

Mais près du mal se trouve précisément le remède. C'est un grand avantage qu'un intérêt privé veille pour l'intérêt général. Et loin de voir avec peine que, outre les agents spécialement préposés à la route, il y a toujours quelqu'un qui a personnellement intérêt à se plaindre du mauvais état où elle peut se trouver, on doit considérer cette circonstance comme très-heureuse et suffisante à elle seule pour effacer bien des inconvénients.

Quant à la sous-répartition des voies affectées à chaque section entre les divers immeubles qui la composent, elle se ferait presque toujours à l'amiable entre les intéressés. Si la conciliation devenait impossible, l'autorité municipale interviendrait pour effectuer la division proportionnellement aux divers revenus imposables. Presque toujours l'importance respective des diverses voies se trouverait assez bien mesurée par leur largeur légale, et le maire n'aurait qu'à répartir, entre tous les immeubles du polygone, la superficie légale de tous les chemins.

Résumé sur les prestations en nature.

Si nous résumons nos réflexions sur les prestations en nature, nous trouvons donc qu'avant la révolution elles avaient un caractère de vassalité qui permettait de les employer arbitrairement sur tout point, sur tout travail, et obligeait par conséquent à les demander en journées, tandis que maintenant elles ne peuvent plus être qu'une simple utilisation des loisirs et des instruments disponibles. Ces loisirs n'existent réellement qu'à côté du champ, et ce n'est certes ni le système des journées, ni leur transformation en tâches de travail qui vont les y chercher. Les tâches permanentes d'entretien, inhérentes pour ainsi dire au champ lui-même, sont donc le meilleur, peut-être le seul moyen d'y parvenir.

Lorsqu'on envisage la simplicité qui s'attache à ce système, lorsque l'on réfléchit que la permanence naturelle de la répartition des tâches donnera de telles facilités à l'exécution, que c'est à peine s'il faudra faire une première fois un travail équivalent à celui qu'on aurait à renouveler au moins une fois par an dans les autres systèmes; lorsque l'on songe enfin que ceux-ci vont se heurter contre le mauvais vouloir individuel, tandis que les tâches permanentes ne demandent à chacun que ce qu'il est bien aise de donner, on ne peut plus hésiter sur le parti à prendre : les tâches immobilières sont la seule chose qu'on puisse aujourd'hui raisonnablement demander aux prestations en nature.

Le fonds de terre donne seul les tâches permanentes.

On objectera sans doute que le fonds de terre se trouvera par-là seul chargé de la prestation. Cela est vrai et cela doit être, parce que lui seul a des loisirs en harmonie avec les travaux à faire; mais il n'en faudrait pas conclure que les autres intérêts sociaux échapperont aux sacrifices nécessaires aux voies de communication. Celles-ci en effet n'exigent pas seulement des prestations en nature; il leur faut, chaque année, des dépenses administratives, des travaux d'art, des travaux extraordinaires, toutes choses qui ne peuvent se faire qu'avec de l'argent, et c'est dans la création du fonds destiné à ces diverses dépenses qu'il est possible de rétablir l'équilibre de contributions entre les différentes classes sociales.

Le fonds de terre donne seul les tâches d'entretien? On lui demandera moins en argent.

Les autres classes sociales donneront plus d'argent.

Le rentier, l'artisan, l'industriel ne peuvent donner des prestations en nature? on les atteindra par des centimes additionnels portant seulement sur les trois contributions directes, patentes, personnelle et mobilière, portes et fenêtres.

De tout ce que nous venons de dire sur les voies et moyens, il résulte :

Conclusion.

1° Que les prestations en nature transformées en tâches immobilières permanentes sont applicables à toutes les voies publiques et avec grand profit pour tout le monde ;

2° Que les contributions locales en argent doivent être demandées moins aux fonds de terre qu'aux autres intérêts, et employées aux voies d'échange local ;

3° Que les contributions générales conviennent surtout aux voies commerciales ;

4° Enfin, que le système des barrières le plus mauvais, le plus nuisible de tous les moyens d'impôts, ne doit être jamais appliqué aux transports locaux, et que ce n'est qu'avec la plus grande réserve qu'il est possible de s'en servir pour les transports purement commerciaux.

§ II.

Longueur des chemins. Montant des dépenses.

Réflexions générales.

Il nous faut maintenant examiner dans quelle proportion doivent être employés les divers moyens de contributions que nous venons de signaler, et, avant tout, évaluer l'étendue des ressources qu'il est nécessaire de consacrer aux voies publiques.

Il n'est pas de question plus vaste, il n'en est pas qui présente des éléments plus variables, plus difficiles à saisir, et moins susceptibles d'être généralisés. Conclure, ici, du simple au composé, de la localité qui nous environne à la France entière, c'est s'exposer à d'énormes erreurs ; et, il faut le dire, ce danger n'a pas été évité dans les divers écrits consacrés à cette matière. Aussi les évaluations qui en sont résultées présentent-elles des divergences très-notables.

Chercher *à priori* ce que doit coûter le mètre courant de chemin à réparer ou à entretenir est une véritable puérilité, car ce prix varie dans des limites si étendues qu'il n'est rien de plus indéterminé.

Conclure la longueur générale des chemins de celle qui existe dans telle commune, dans tel canton, même dans tel département, c'est s'exposer au mécompte le plus complet, et ces deux fausses appréciations, rapprochées l'une de l'autre, peuvent conduire à une évaluation si éloignée de la vérité, que l'incertitude absolue est de beaucoup préférable, parce qu'alors du moins l'erreur ne se trouve pas accompagnée d'une fausse présomption.

La seule marche praticable en cette matière consiste à procéder du composé au simple, en s'attachant aux faits généraux bien constatés; et, si on est obligé d'asseoir son évaluation sur des analogies, qu'elles soient du moins assez larges pour renfermer dans leur ensemble tous les éléments variables de la question.

Longueur des voies publiques ; réseau marcadal ; embranchements.

Cherchons d'abord la longueur de chaque espèce de voies publiques, et commençons par supposer les marchés rangés à égale distance sur toute l'étendue du territoire de la France.

Il est clair qu'une telle hypothèse n'est pas la vérité absolue; toutefois, cette équidistance est un but vers lequel tout doit tendre; car d'un point à l'autre, les moyens de transport ne varient pas assez pour espacer très-différemment les lieux habités et les réunions marcadales; quant aux situations topographiques, les effets qu'elles produisent, dans un sens, sur un point, doivent se compenser par un effet contraire sur un autre; car il faut, en définitive, que toute la superficie soit occupée; le résultat général devra donc s'écarter très-peu de la vérité.

Arrangements rectangulaire et triangulaire.

Cela posé, il n'y a que deux arrangements réguliers possibles. Les quatre points circonvoisins forment dans l'un un quarré, dans l'autre un losange. Le premier répond à un carrelage rectangulaire, le second à un carrelage par triangles ou hexagones. Dans le premier, chaque point a autour de lui huit points circonvoisins auxquels il est réuni par quatre lignes se coupant, deux à deux, à angle droit, et ayant deux longueurs différentes. Dans le second, les points environnants sont réduits à six, tous également distants et réunis par trois directions formant entre elles un angle égal à deux tiers d'angle droit.

Pour calculer dans chacune de ces hypothèses tout ce qui se rattache aux voies publiques, il nous suffira de connaître la superficie totale du pays et le nombre de ses hameaux, de ses communes, de ses marchés.

L'on sait d'une manière précise que la France compte 64,000 hameaux, villages ou lieux ayant une importance épistolaire, 37,163 communes, 2,578 marchés et qu'elle occupe une étendue de 52,768,621 hectares.

Il y a donc vingt-cinq fois autant de hameaux, villages ou autres lieux divers que de marchés; c'est-à-dire qu'en allant d'un marché à l'autre on doit trouver moyennement sur sa route quatre hameaux ou villages.

Réseau unissant les marchés.

D'après cela, si nous examinons quelle longueur il faudra, soit pour réunir entre eux tous les marchés, soit pour les mettre en communication avec les villages voisins, nous trouvons que, dans le cas d'un arrangement rectangulaire, le réseau marcadal compte 44,518 lieues et les embranchements 13,038 en tout 57,556.

Dans le cas d'un arrangement triangulaire, le réseau marcadal ne présente que 29,742 lieues, mais les embranchements exigeant la même longueur totale 59,484 lieues. Les deux arrangements, quoique très-différents l'un de l'autre, nous conduisent donc, pour la totalité des voies d'assemblage, à peu près au même résultat; et certainement c'est un grand motif de confiance dans cette évaluation. Une observation vient encore la corroborer : c'est que si l'on jette les yeux sur la carte, on trouve que les marchés sont situés en général au confluent de deux bassins avec lesquels les relations vicinales doivent s'établir suivant des lignes se rapprochant beaucoup de l'arrangement triangulaire, tandis que les communications avec les bassins latéraux parallèles au bassin de jonction s'établissent à peu près suivant un arrangement rectangulaire.

Si donc nous prenons une moyenne entre les deux résultats, nous aurons une évaluation aussi approchée de la vérité que peut l'exiger la question actuelle. Ainsi, nous pouvons dire avec confiance qu'en France, le réseau marcadal doit compter environ 37,000 lieues, et les embranchements 21,000.

Réseau unissant les cités du second ordre; réseau unissant les chefs lieux.

Dans ces 37,000 lieues, nous avons maintenant à distinguer, d'abord, le réseau unissant les cités du second ordre, puis celui qui unirait les cités principales; mais pour y parvenir nous ne possédons pas un signe certain qui puisse faire reconnaître ces lieux divers et en donner le nombre. Toutefois une remarque peut servir à nous guider, c'est que les cités du second ordre doivent être placées de telle sorte que deux cités voisines puissent se rencontrer dans un bourg intermédiaire et y opérer leurs échanges. Il faut donc, si les populations sont bien disposées pour cette opération, qu'en passant d'une cité à l'autre on ne trouve sur son chemin qu'un marché; et cette condition exige, soit avec l'arrangement rectangulaire, soit avec l'arrangement triangulaire, qu'il y ait trois marchés intermédiaires pour une cité.

Il y aurait donc en France 644 cités et 18,500 lieues de voie pour les réunir.

Quant aux cités principales comprises dans ces 644, pour les distinguer, nous remarquerons encore ici qu'une bonne organisation sociale doit placer, dans tous les sens, entre deux cités principales, une cité secondaire, afin que celle-ci puisse, dans des directions opposées, envoyer vers ces centres commerciaux ses produits exportables, ou recevoir ceux qui lui sont importés, sans les exposer à des contremarches et à des frais de transports inutiles. Il faudra donc aussi trois cités secondaires pour une cité principale, et le nombre de celles-ci devra être 161. Le réseau des routes qui les unira compterait alors 9,250 lieues.

Cette longueur de voies commerciales est supérieure à celle des routes royales ouvertes ou à ouvrir, telle que nous l'indiquent les statistiques officielles dans lesquelles nous ne trouvons que 8,383 lieues. Il faut en conclure, ou que la longueur des routes royales projetées n'est pas suffisante, ou que la topographie de notre sol ne les comporte pas toutes et qu'il y est suppléé par d'autres voies de transport, ou enfin que la France ne possède pas en réalité tout-à-fait autant de contrées distinctes et de centres commerciaux que l'indiquerait le nombre de ses marchés.

Sur ces trois causes possibles, la seconde est probablement la seule réelle; car il suffit de jeter les yeux sur la carte de France pour voir qu'il existe des cités principales circonvoisines, séparées par des montagnes élevées, qui, dans leurs relations réciproques, doivent mieux aimer tourner l'obstacle que le franchir, et emprunter à des routes royales, qui ne leur seraient pas naturellement destinées, une communication que la disposition topographique des lieux leur refuse par la ligne droite. Il est donc très-vraisemblable que la longueur projetée de nos routes royales suffira, pour long-temps au moins, aux besoins du commerce général, et quoiqu'elle se trouve moins forte que celle où nous avons été conduits par d'autres voies, la différence est si légère et d'ailleurs si bien expliquée par la remarque précédente, que nous devons prendre confiance dans les considérations sur lesquelles nous nous sommes appuyés. Nous sommes donc fondés à croire que le nombre de cités principales doit être en France très-voisin de 160.

Défaut de concordance entre le nombre de cités principales, et le nombre de départements; inconvénients qui en résultent.

Cette dernière observation a une grande importance politique. Elle semble indiquer que, dans la division de la France par départements, on ne s'est pas attaché à grouper administrativement les populations comme le faisait le mécanisme social, et cependant cette concordance eût été bien désirable.

Qui ne voit en effet que l'assemblage des produits locaux à la cité principale, pour les jeter ensuite au loin dans la circulation générale, résume dans ce lieu les divers intérêts qui l'entourent, et fait, du cercle qui s'y rattache, l'unité commerciale, de même que la commune est l'unité de production?

Du clocher, les intérêts et par suite les idées tendent vers la cité principale, mais ne la dépassent pas.

De la cité principale, les idées s'élancent vers l'intérêt général, et c'est réellement là que s'élabore la nationalité.

Il résulterait de ces considérations que la France, au lieu de 86 départements, devrait en compter environ 160. C'est peut-être à cette circonstance qu'il faut attribuer beaucoup de tiraillements administratifs ou politiques dont nous sommes tous les jours les témoins; et pour n'en citer qu'un seul, disons quelques mots de notre code électoral.

Dans un premier essai, on prit le département pour unité électorale. Les motifs sur lesquels on s'appuya étaient puissants : c'est là, disait-on, que naissent et mûrissent les idées générales; c'est là que s'élabore l'esprit public.

Après quelques années, on s'aperçut que ce rayon était trop vaste, qu'il obligeait à des déplacements trop peu en harmonie avec les habitudes des populations, qu'il renfermait souvent des intérêts trop divergents pour être réunis, et d'un seul bond on se jeta dans les arrondissements, c'est-à-dire dans des cercles quatre fois moindres.

C'est là que nous sommes aujourd'hui; et s'il est une vérité évidente pour tout le monde, c'est qu'en morcelant ainsi les colléges électoraux, on ne s'adresse plus qu'à des idées toutes locales qui ne dépassent pas la cité principale, et se trouvent par conséquent sans liaison avec les intérêts généraux.

C'est que nous avons dépassé le but que nous nous proposions, tandis que nous l'aurions probablement atteint, à la première épreuve, si la France eût compté 160 départements; alors le cercle de l'intérêt départemental se fût trouvé beaucoup moins étendu, et d'ailleurs en harmonie parfaite avec les déplacements ordinaires des populations. En n'en formant que 86, il est aisé de comprendre qu'on a dû réunir des unités commerciales souvent divergentes; et en obtenant, d'un côté, des localités plus vastes que ne le demandait le mécanisme social, d'un autre, des intérêts souvent hostiles dans la même famille, il a fallu se jeter dans des subdivisions, et, par suite, dans des complications de rouages administratifs, qu'on eût évitées avec 160 départements.

Nombre de cités principales.

Cette observation a tant d'importance que nous ne résistons pas au désir de pousser plus loin notre digression et de voir si en effet il existe en France 160 villes qui portent le caractère de cités principales. Nous trouvons, dans les documents officiels, que, pour atteindre ce nombre, il faut arriver à une population de 6,000 âmes. Et ce qu'il y a de très-remarquable dans le tableau (1) indicatif de nos cités, c'est qu'à partir de ce point (*) l'augmentation du nombre pour le même accroissement de population, après être demeuré quelque temps presque stationnaire, devient subitement plus forte, comme si un autre ordre d'intérêts venait commencer là, et produire immédiatement des populations moins agglomérées.

N'est-ce pas là le caractère distinctif que nous cherchions à découvrir?

Enfin, si nous jetons les yeux sur l'Angleterre, nous la trouvons divisée en 52 comtés sur 15 millions d'hectares, ce qui est à peu près la même proportion que 160 pour la France dont le territoire compte 52 millions d'hectares.

---

(1) *Tableau indicatif du nombre de villes ou bourgs de la France, suivant leur population.*

LIMITES DES POPULATIONS.	NOMBRE de villes entre les limites.	TOTAL des villes jusqu'à chaque limite.
De 50,000 ames et au-dessus	7	7
De 40,000 à 50,000	2	9
De 30,000 à 40,000	6	15
De 20,000 à 30,000	15	30
De 19,000 à 20,000	2	32
De 18,000 à 19,000	4	36
De 17,000 à 18,000	2	38
De 16,000 à 17,000	2	40
De 15,000 à 16,000	4	44
De 14,000 à 15,000	8	52
De 13,000 à 14,000	6	58
De 12,000 à 13,000	7	65
De 11,000 à 12,000	3	68
De 10,000 à 11,000	11	79
De 9,000 à 10,000	18	97
De 8,000 à 9,000	22	119
De 7,000 à 8,000	21	140
De 6,000 à 7,000	27	(*) 167
De 5,000 à 6,000	45	212
De 4,000 à 5,000	62	274
De 3,000 à 4,000	186	460
De 2,000 à 3,000	348	808

De ces divers rapprochements nous nous croyons fondés à conclure que la France serait plus facilement administrée si elle avait autant de départements que de cités principales, c'est-à-dire 160 environ ; et tant qu'on n'aura pas corrigé ce vice fondamental d'organisation, il pourra se faire qu'on se traîne péniblement dans des essais qu'on eût évités sans cela, et à l'insuccès desquels on ne trouvera peut-être, à la fin, d'autre remède qu'une division territoriale en harmonie avec le mécanisme social, qu'il eût été dans l'origine si facile d'opérer.

Nous bornerons là cette digression, et, en revenant à notre sujet, nous rappellerons que les considérations théoriques, qui nous avaient donné 9,250 lieues pour le réseau commercial, nous conduisaient à une longueur pareille pour le réseau des cités du second ordre ; mais il est très-vraisemblable que pour des raisons analogues il se réduirait dans la même proportion que le premier. Les 37,000 lieues de voies marcadales peuvent donc sans erreur notable, être considérées comme divisées en ce moment de la manière suivante :

Voies unissant les cités principales.	8,000 lieues.
Voies unissant les cités secondaires.	8,000
Voies unissant les bourgs ou marchés.	21,000

Les deux premières s'accroîtront probablement aux dépens de la dernière ; il n'est pas toutefois présumable qu'elles dépassent 9,000 lieues chacune.

Enfin, il faudra ajouter à ce réseau marcadal les 21,000 lieues d'embranchements nécessaires pour mettre toutes les communes en communication avec lui ; et l'on aura l'ensemble des voies nécessaires à l'échange.

Voies de production.

Quant aux voies de poduction, nous avons déjà vu qu'elles se composaient de deux classes comprenant : la première, les voies d'une utilité vraiment communale ; c'est-à-dire, principalement celles qui unissent entre eux les hameaux ou villages ; la seconde, les voies d'une utilité simplement rurale.

Réseau unissant les 64,000 hameaux, villages ou autres lieux importants.

La longueur du réseau qui unirait nos 64,000 hameaux, villages ou lieux importants, calculée d'après les principes qui nous ont précédemment guidés, serait égale à 185,000 lieues ; et, en en retranchant les 58,000 lieues de voies d'échange, il resterait, pour les voies communales de première classe, 127,000 lieues.

Voies rurales.

Pour déterminer la longueur des voies rurales, les considérations précédentes ne peuvent nous être d'aucune utilité ; mais il existe un document qui pourra nous guider, c'est la superficie de toutes nos voies publiques, que les opérations cadastrales nous montrent égale à 1,225,011 hectares. Si l'on en retranche la surface approximativement occupée par les voies publiques précédemment examinées, calculée en attribuant aux routes royales 16 mètres de largeur, aux routes départementales 12 mètres, aux chemins vicinaux 9 mètres, aux embranchements vicinaux 8 mètres, et aux chemins communaux de 1re classe 7 mètres, il restera, pour la superficie des voies rurales, 637,011 hectares lesquels, pour 5 mètres de largeur, donneraient 318,500 lieues.

Il y aurait sans doute de la présomption à présenter ce résultat comme la vérité même. Il est certain toutefois que les documents qui nous y ont conduits sont les seuls qui dussent raisonnablement être consultés, et il est permis de dire que si la longueur des chemins ruraux est problématique, leur surface du moins est plus certaine.

En résumé, il résulte de ce qui précède qu'on peut, sans erreur notable, assigner, aux voies publiques de la France *actuelle*, les longueurs suivantes :

Routes royales..................	8,000 lieues.
Routes départementales.........	8,000

Chemins vicinaux........... 21,000 lieues.
Embranchements vicinaux..... 21,000
Chemins communaux de 1re classe 127,000
Chemins communaux de 2e classe,
c'est-à-dire chemins ruraux.. 318,500

Longueur des voies publiques de l'Angleterre.

Quant à l'Angleterre, il résulte, des documents rendus publics, qu'en y comprenant le pays de Galles, elle compte 13,000 paroisses, 52 comtés et une superficie de 15 millions d'hectares environ.

Réseau unissant les paroisses égal à la longueur des chemins de paroisse.

Le réseau unissant entre elles toutes les paroisses, calculé d'après les considérations qui nous ont servi à propos de la France, serait égal à 45,702 lieues, et si nous consultons les statistiques publiées à diverses époques par ordre du parlement anglais, nous trouvons qu'il existait, en 1818, 38,000 lieues de chemins de paroisse, et 8,000 lieues de routes de comtés, en tout 46,000 lieues.

Réseau marcadal correspondant à peu près aux routes de comté.

La concordance de ces deux résultats nous montre d'abord que, dans les chemins de paroisse, l'Angleterre comprend peu de ses chemins ruraux, ou plutôt que ceux-ci ont presque tous un caractère privé, à cause de l'agglomération des propriétés foncières; en second lieu, que les considérations qui nous ont guidé dans ce chapitre, reçoivent, sur ce point, une remarquable confirmation; et si nous nous servons des résultats obtenus à l'occasion de la France pour découvrir ce que l'on entend chez nos voisins par routes de comté, nous trouvons qu'elles répondent à peu près à ce que nous avons appelé le réseau marcadal; car ce réseau, qui compte, en France, 37,000 lieues, réduit en raison de la superficie de l'Angleterre, n'en aurait plus que 10,000, c'est-à-dire 2,000 de plus seulement qu'il n'y a de routes de comté. La différence peut tenir ici à ce que l'Angleterre, ayant des communications plus faciles et plus rapides, et des échanges moins subdivisés, a pu espacer d'avantage ses grandes réunions marcadales.

Il est clair toutefois que, dans ses chemins de paroisse, l'Angleterre place la plus grande partie des chemins d'embranchements nécessaires aux localités diverses pour communiquer avec les routes de comté; et que, sans s'inquiéter de l'intérêt collectif qui s'y rattache, elle en abandonne l'administration à chaque paroisse. Embranchements.

Ce vice, qui existe à un bien plus haut degré dans notre loi de 1824, puisqu'il s'étend même à des voies qui constitueraient, en Angleterre, la moitié de ses routes de comté, est vivement senti chez nos voisins; et si la législation de 1832 ne l'a pas détruit, c'est que, pour y parvenir, il eût fallu faire passer ces embranchements de l'état de voie libre à celui de route à barrières; opération très-grave et fort difficile, lorsqu'elle doit embrasser à la fois un nombre considérable de voies publiques, et entraîner une infinité d'enquêtes et de formalités diverses.

Une autre considération a pu arrêter nos voisins: toutes ces voies d'embranchement, quoique présentant un intérêt collectif, ne sont pas cependant assez fréquentées pour trouver, dans le produit des barrières, des ressources capables de les affranchir de subventions paroissiales considérables, et de les soustraire par conséquent à la tutelle des localités. Enfin, il ne faut pas oublier que ce vice est corrigé, en Angleterre, par une organisation assez énergique pour triompher, au besoin, de l'apathie locale; et il n'est pas étonnant qu'on y ait été moins touché de cet inconvénient que des immenses difficultés qu'on eût rencontrées dans l'organisation sociale et politique, si l'on eût voulu le faire disparaître complètement.

Il n'en est pas de même chez nous. Pour soustraire à l'isolement, disons mieux, à l'égoïsme des communes, l'intérêt collectif qui s'attache aux embranchements vicinaux, nous n'avons qu'à les comprendre dans les voies d'échange; et ce serait une faute que de ne le pas faire.

Nous venons de voir que l'Angleterre ne compte qu'une seule classe pour toutes les voies marcadales, tandis qu'en France nous en avons distingué trois.

Cette absence de classification tient à plusieurs causes :

D'abord à l'uniformité des moyens employés pour subvenir à leurs dépenses. Les ressources pour toutes les routes de comtés ont identiquement la même origine; et nous avons déjà eu occasion de voir que l'Angleterre trouve, dans son organisation politique et commerciale, des motifs suffisants pour ne pas renoncer au système des barrières qui en fait la base.

En second lieu, si l'on songe à l'immense quantité de voies navigables ou de chemins de fer qui la sillonnent dans tous les sens, on sera peu surpris qu'elle n'ait pas, comme nous, éprouvé le besoin de distinguer, dans les routes ordinaires, des classes plus spécialement fréquentées par les transports commerciaux.

Le classement employé chez nos voisins peut donc être différent du nôtre, et ne doit pas nous faire oublier les considérations pleines de force qui nous l'ont conseillé.

Dépenses.

Dans l'évaluation des longueurs que nous venons de donner, nous nous sommes attachés surtout aux considérations théoriques le plus en harmonie avec les faits généraux qu'il nous a été possible de recueillir; nous allons procéder de même pour apprécier les dépenses.

Routes royales.

Parmi les chemins publics de la France, il n'y a

que les routes royales qui aient été jusqu'à ce jour l'objet de statistiques précises. Huit mille lieues environ sont ouvertes et dépensent chaque année quinze millions 500 mille francs pour l'entretien et les réparations ordinaires, quatre millions 500 mille pour les grosses réparations, travaux neufs, etc.; deux millions environ pour les frais d'administration et de surveillance; ce qui fait 2,700 fr. par lieue.

Routes départementales.

Les comptes des routes départementales sont beaucoup plus confus, et leur longueur ne se trouve constatée dans aucun document officiel. On sait toutefois, par des rapprochements et des notions particulières qui semblent mériter confiance, que la longueur de celles qui existent est à peu près égale à 7,000 lieues.

Quant à la dépense, si l'on recueille les diverses sommes éparses dans les développements produits à l'appui des comptes annuels, on trouve qu'elle se subdivise de la manière suivante :

Dépense variable sur centimes ordinaires et fonds communs, environ. 6,000000

Dépenses extraordinaires sur les cinq centimes facultatifs, environ. 3,700,000

Dépenses extraordinaires sur centimes facultatifs extraord^res, environ. 6,400,000

Les deux premières sommes sont à peu près entièrement employées à maintenir l'état actuel des routes; mais la dernière est le résultat de contributions extraordinaires que les départements se sont imposées pour les consacrer soit à l'ouverture, soit à la restauration de routes nouvellement classées; elle ne doit donc pas figurer comme nécessaire aux dépenses annuelles, et nous croyons être dans le vrai en prenant les neuf millions 700 mille francs restant pour la dépense que les 7,000 lieues de routes départementales exigent chaque année pour être maintenues dans leur viabilité actuelle; ce qui ferait par lieue environ 1,300 fr.

Pour les chemins vicinaux, les documents nous manquent. Toutefois, si nous reportons nos regards sur ce que nous avons dit, dans le chapitre précédent, des transports divers qui fréquentent les chemins publics, nous remarquerons que, dans le mécanisme social, les chemins qui unissent entre eux les bourgs ou marchés jouent, par rapport aux routes départementales, absolument le même rôle que celles-ci par rapport aux routes royales, et en faisant subir à la dépense par lieue une décroissance pareille, on ne doit pas être très-éloigné de la vérité.

Cette considération nous conduit à attribuer à la lieue de chemin vicinal une dépense de 600 francs environ.

Notre confiance dans ce résultat, tiré de considérations générales, s'accroît lorsque nous examinons les localités qui nous sont connues et qui conduisent presque toutes à une dépense d'entretien très-rapprochée de ce chiffre.

Nous pouvons donc assurer, sans crainte d'erreur notable, que les 21,000 lieues de chemins vicinaux, unissant les bourgs, ne dépenseraient pas annuellement plus de 13 millions, si tous les travaux que leur entretien exigera étaient évalués en argent.

Résumé du réseau marcadal.

Les 37,000 lieues composant en France le réseau marcadal pour être entretenues dans un état de viabilité moyennement semblable à celui des routes nouvellement classées, coûteraient donc, savoir :

Routes royales,	8,000 lieues environ	22,000,000
Routes départ.es,	8,000 lieues environ	10,000,000
Chems vicinaux,	21,000 lieues environ	13,000,000
Totaux....	37,000 les env.on...	45,000,000

Ce qui fait moyennement par lieue 1,200 fr. environ.

Rapprochement avec la dépense correspondante en Angleterre.

Si nous rapprochons ce résultat de ce qui se passe en Angleterre, nous trouvons que les 8,000 lieues de routes de comté qui répondent à peu près, nous l'avons vu plus haut, au réseau marcadal de ce pays, et doivent par conséquent renfermer les mêmes variétés d'importance que nos 37,000 lieues détaillées ci-dessus, dépensent environ 38 millions chaque année, c'est-à-dire 4,750 fr. par lieue. Routes de comté.

Cette énorme différence entre les deux pays tient à un grand nombre de causes :

D'abord, les mêmes ouvrages se paient beaucoup plus en Angleterre qu'en France, surtout parce que les denrées alimentaires et par suite la main-d'œuvre y sont beaucoup plus chères ;

En second lieu, le climat y est plus humide; les matériaux y sont peut-être moins résistants, et les routes plus fréquentées parce que les opérations de l'échange y ont pris un développement très-considérable ;

Enfin, il est constant que l'état de viabilité que l'Angleterre s'attache à maintenir sur ses voies publiques est plus parfait et doit aussi coûter plus cher que celui que nous possédons en France et qui a servi de base à nos évaluations.

Ces diverses causes expliquent la différence que nous avons remarquée; et quelque grande qu'elle soit nous croyons la dépense de 45 millions, trouvée plus haut nécessaire à nos 37,000 lieues de voies marcadales, assez en harmonie avec les besoins actuels de nos transports.

Si nous passons aux chemins d'embranchement et aux chemins communaux de première classe dont l'ensemble, ainsi que nous l'avons vu précédemment, répond pour l'Angleterre à ses grands chemins de paroisse, nous aurons, pour nous guider, les documents généraux mis sous les yeux du parlement anglais en 1818. Ils établissent que, de 1811 à 1814, les grands chemins de paroisse comptaient 38 mille lieues et Chemins de paroisse.

dépensaient moyennement 32 millions par an, c'est-à-dire 842 fr. par lieue.

Cette somme, quoique considérable, fut cependant jugée trop faible en 1832, puisque la législation nouvelle, qui date de cette époque, a beaucoup élevé la limite de la taxe qu'elle donne au gardien des chemins le droit de prélever. Elle l'a portée au 1/6e du revenu tandis qu'auparavant elle ne pouvait dépasser six journées de prestations, dont la valeur est bien évidemment inférieure au nouveau maximum. Ainsi, tout porte à croire que les sommes employées actuellement par l'Angleterre à ses chemins de paroisse, dépassent 32 millions. Toutefois, comme ce serait pour nous une énorme amélioration que de donner à nos chemins communaux une viabilité pareille à celle dont jouissait l'Angleterre en 1814 sur ses chemins de paroisse, nous pouvons, sans danger, considérer, comme suffisant à nos besoins actuels, une dépense qui serait en harmonie avec 842 fr. par lieue, réduits par conséquent, en raison des causes diverses analysées à propos des voies marcadales, dans le même rapport que pour ces voies, c'est-à-dire comme 4,125 est à 1,200.

Ces considérations nous conduisent à attribuer à l'ensemble des embranchements vicinaux et des chemins communaux de première classe une dépense moyenne de 250 fr. par lieue. Les 148 mille lieues de longueur appartenant à ces deux espèces de chemins nous conduiraient donc à 37 millions de travaux d'entretien annuel, s'ils étaient tous évalués en argent.

Embranchements vicinaux.

Pour séparer dans cette somme la partie afférente aux 21,000 lieues d'embranchements vicinaux, il suffira de remarquer qu'ils tiennent le milieu entre les chemins communaux de première importance et les chemins vicinaux proprement dits. L'on peut donc, sans crainte d'erreur notable, leur attribuer par lieue une dépense moyenne de 400 fr., ce qui ferait pour les 21,000 lieues 8,400,000 fr.

D'après ce qui précède, si nous joignons, ainsi que nous avons prouvé précédemment qu'il le fallait faire, les embranchements vicinaux aux chemins vicinaux proprement dits, nous aurons pour leur ensemble une dépense annuelle de 21,400,000 fr.

Chemins communaux.

Pour compléter l'évaluation des travaux auxquels peut donner lieu la voirie publique de la France, il nous resterait à nous occuper des chemins communaux de 2e classe qui intéressent presque exclusivement les fonds de terre qu'ils desservent. Mais ici les documents nous manquent absolument et nous sommes forcés de nous borner à quelques observations générales.

Nous voyons d'abord que ces chemins n'ayant qu'une utilité renfermée dans des limites peu étendues, et n'étant que très-rarement appelés à franchir les obstacles que la nature a disséminés sur le sol, doivent être beaucoup moins sujets à des travaux d'art que les autres chemins, dont le but est presque toujours plus éloigné.

Il est clair, en second lieu, qu'ils ne sont que très-rarement parcourus par de lourds fardeaux.

Enfin, l'utilité journalière du chemin étant plus clairement circonscrite à un nombre déterminé de personnes, chacun peut mieux juger de l'étendue du sacrifice qu'il doit, et se trouve plus porté à se l'imposer. Aussi l'autorité publique n'a-t-elle besoin le plus souvent d'intervenir ici que par mesure d'ordre, et pour protéger les uns contre la négligence des autres.

§ III.

Rapprochement entre les divers systèmes de voies et moyens, et les dépenses auxquelles il faut pourvoir.

Maintenant que nous connaissons l'étendue des besoins, nous pouvons examiner si les divers systèmes proposés pour subvenir aux dépenses des routes présentent des ressources suffisantes et en harmonie avec les nécessités que cette question soulève.

Loi de 1824.

Analysons d'abord la loi qui nous régit depuis 1824.

Elle consacre aux chemins vicinaux 1° des allocations sur les ressources ordinaires de la commune; 2° si elles sont insuffisantes, deux journées de prestations *en argent ou en nature, au choix du contribuable*, pour chaque habitant mâle valide au-dessus de vingt ans, et pour chaque charrette et chaque bête de trait, de somme, ou de selle; 3° si la prestation ne suffit pas, cinq centimes additionnels au principal des quatre contributions directes de la commune.

Valeur de chaque journée de prestations en nature.

Faisons d'abord l'évaluation de chaque journée de prestations en nature.

La loi semble ne mettre aucune limite supérieure à l'âge du prestataire. Par le fait, cependant, elle en établit une en exigeant qu'il soit valide; car la force des choses fera presque toujours considérer comme non valide celui qui aura plus de 60 ans. Aussi les nouvelles propositions portent-elles que cet âge ne sera pas dépassé; et, en même temps, par compensation, elles abaissent à 18 ans la limite inférieure. Si donc, dans nos calculs, nous nous tenons entre ces deux limites, nous obtiendrons une évaluation assez approximative et plutôt au-dessus qu'au-dessous de la vérité.

Cela posé, consultons les tables de la population française; elles nous apprennent qu'elle est à peu près subdivisée ainsi qu'il suit :

Au-dessous de 18 ans 3/9
De 18 à 60 ans. 5/9
Au-dessus de 60 ans. 1/9

Si, d'un autre côté, nous jetons les yeux sur nos campagnes, nous y trouvons, d'une part, la grande famille agricole composée de neuf personnes et possédant deux attelages, et, d'une autre part, la petite famille qui n'en possède qu'un et compte alternativement quatre ou cinq personnes. On peut donc, sans crainte d'erreur notable, supposer la population entière divisée en groupes de neuf personnes possédant chacun deux attelages et comptant cinq personnes de 18 à 60 ans.

Ainsi, nous aurons pour toute la France 7,235,762 attelages et 18,089,405 habitants de 18 à 60 ans, dont environ 9,300,000 mâles.

Il nous resterait à apprécier la prestation fournie par les bêtes de somme et de selle; mais, dans le système de la loi qui veut que la prestation ne soit jamais exigible qu'en nature, ce ne peut être que par erreur qu'on a fait figurer ces animaux parmi ceux soumis à cette contribution; car leur emploi en nature sur les routes est impossible, à moins que ce ne soit pour faire promener les prestataires. On concevrait cette mention, si, comme en Angleterre, la prestation eût pu, au besoin, prendre obligatoirement le caractère d'une taxe; mais c'est précisément ce que la loi repousse expressément. Aussi, partout où les prestations ont été mises en action, a-t-il été impossible de compter pour quelque chose les bêtes de somme ou de selle, lorsque la spontanéité du prestataire a manqué. Nous sommes donc dispensés d'en tenir compte dans notre évaluation.

La journée de l'attelage, non compris celle du conducteur qui figure dans les journées d'hommes, ne peut s'évaluer moyennement pour toute la France au-delà de 2 fr., et la journée du manœuvre de tout âge et de toute force ne dépasse pas moyennement 60 centimes.

Si nous appliquons ces prix aux quantités indiquées plus haut, nous trouvons que chaque journée de prestation, si elle était bien employée, équivaudrait pour toute la France à 20,051,524 fr.

Mais il est à peu près certain que le travail fourni par les prestataires, lorsque les prestations ont été effectuées, ne s'est pas élevé jusqu'à ce jour au 1/3 de la valeur des journées bien employées; nous croyons être au-dessus de la vérité en admettant que chacune des deux journées de prestation autorisées par la loi de 1824 a pu produire pour les chemins 6,500,000 f de travaux effectifs. Les deux formeraient alors treize millions.

Centimes additionnels des communes.

Quant aux cinq centimes additionnels que la loi mettait à la disposition des conseils municipaux, ils ont été si rarement votés par eux, que, malgré le mauvais état des chemins, il n'a été prélevé sur ce fonds dans toute la France, que 620,000 fr. par an, c'est-à-dire à peu près 1/20e.

Cette absence de vote a tenu d'abord à la répugnance des contribuables les plus imposés à augmenter leurs contributions; en second lieu, à ce que la loi, ne permettant de recourir aux centimes qu'après épuisement des prestations, pour ne pas employer celles-ci, on s'est également privé des premiers.

Supposons, toutefois, que les cinq centimes eussent été partout appliqués aux chemins; ils auraient alors produit 11,751,326 fr., qui, joints aux 13 millions de prestations en nature, auraient fait un total inférieur à 25 millions, et nous avons vu plus haut qu'il faudrait au moins une somme double pour égaler les besoins des chemins vicinaux et des chemins communaux de première classe.

Pour être juste envers la loi de 1824, il faut avouer que son insuffisance a tenu plutôt à l'inertie de ses dispositions coërcitives qu'au montant des ressources qu'elle avait assignées; car les deux journées de prestations bien employées, jointes aux cinq centimes auraient donné 52 millions, suffisants pour l'entretien annuel des chemins après qu'ils auraient été restaurés. Mais, en organisant ses moyens d'action, elle a, d'un côté, oublié que cette restauration était le besoin auquel il fallait d'abord pourvoir; elle a, d'un autre, été se heurter, comme à plaisir, contre le mauvais vouloir individuel. Aussi, par la force des choses, les ressources qu'elle avait indiquées se sont-elles réduites au quart de leur valeur possible.

Projet de loi présenté en 1835.

Si nous passons maintenant au projet de loi présenté par le gouvernement en 1835, nous trouvons que le maximum pour le nombre de centimes additionnels y est porté à 10, et celui des journées de prestation à 3. Mais nous avons vu précédemment que le système des prestations en nature, tel qu'il est conservé dans ce projet de loi, est tout aussi mauvais que celui de 1824. Il ne produira donc pas de meilleurs résultats; et, en supposant que les prestations soient partout fournies, les travaux effectués par elles ne dépasseront guère 20 millions.

Quant aux dix centimes additionnels, ils sont une limite qui, dans les premières années, sera peut-être atteinte par beaucoup de petites localités, mais au-dessous de laquelle demeureront les localités plus étendues. Supposons toutefois que cette ressource soit complètement employée, elle produira 23 millions qui, joints aux 20 millions de prestations, formeraient un total de 43 millions, sensiblement inférieur aux besoins dont l'évaluation n'est descendue à 50 millions, qu'en lui faisant subir toutes les réductions possibles.

Il y aurait donc, dans les voies et moyens consacrés par ce projet de loi, impossibilité de fournir même au simple entretien, en supposant les chemins vicinaux parvenus à l'état de viabilité où nous voyons nos routes royales et départementales. A plus forte raison sont-ils insuffisants pour les restaurer d'abord, et les entretenir ensuite.

Propositions diverses admettant les prestations en nature.

Toutes les autres propositions qui ont surgi dans la discussion actuelle viennent se ranger entre les deux systèmes que nous venons d'examiner, lorsqu'elles maintiennent les prestations en nature. Les mêmes observations leur sont donc applicables.

Propositions qui proscrivent les prestations en nature.

Quant à celles qui les proscrivent et n'ont recours qu'aux centimes facultatifs, pour qu'il y eût équilibre entre les besoins et les ressources, il eût fallu qu'elles affectassent près de 30 centimes additionnels aux quatre contributions directes employés au simple entretien des chemins vicinaux et communaux, et sans y comprendre les dépenses nécessaires pour les restaurer.

Il suffit d'énoncer ce résultat pour combattre les systèmes qui y conduisent; on ne peut pas espérer que les populations de la France puissent supporter en ce moment un pareil accroissement dans le montant de leur contribution.

Système des tâches permanentes.

Il nous reste à voir si le système que nous proposons satisfait mieux que les précédents aux exigences de la question.

Routes royales et départementales.

Il conserve d'abord aux routes royales et départementales leurs allocations actuelles. Seulement il ne les emploie plus qu'à l'entretien de l'empierrement et aux travaux d'art extraodinaires, laissant aux tâches permanentes les travaux de simple entretien des fossés et accotements.

Travaux des autres chemins divisés en deux catégories.

Les travaux des autres chemins sont divisés en deux catégories : les travaux ordinaires d'entretien, et les travaux d'art ou extraordinaires. Les premiers sont faits également, et ici sans excepter l'empierrement, par les tâches permanentes. On pourvoit aux derniers, savoir :

Fonds commun départemental.

Pour les chemins vicinaux, au moyen d'un fonds commun départemental formé d'abord d'une allocation sur le produit d'un centime fixe additionnel aux quatre contributions directes, centralisé sur toute la France, puis réparti entre les départements, de manière à suppléer à l'insuffisance de leurs ressources propres; en second lieu, du produit de dix centimes additionnels au principal des trois contributions directes, patentes, personnelle et mobilière, portes et fenêtres;

Fonds commun communal.

Pour les chemins communaux, au moyen d'un fonds commun communal, formé d'abord d'une allocation sur le produit d'un centime fixe additionnel aux quatre contributions directes, centralisés sur tout le département, puis réparti entre les communes, de manière à suppléer aux ressources propres des plus nécessiteuses; en second lieu, de quatre centimes additionnels au principal de la contribution foncière communale.

Nous voyons d'abord que la situation des routes royales et départementales sera améliorée de tout l'entretien des fossés et accotements dont elles se trouveront débarrassées, sans que les allocations actuelles soient diminuées; et l'on aura, par là, remédié à leur insuffisance, généralement reconnue.

Pour les chemins vicinaux et communaux, les tâches permanentes sont chargées, en totalité, des travaux de la première catégorie.

Travaux d'art ou extraordinaires.

Quant aux travaux d'art ou extraordinaires qui devront être exécutés à prix d'argent, pour reconnaître si les ressources indiquées leur suffiront, il faut savoir quelle portion appartient à cette catégorie dans les dépenses que nous avons trouvé plus haut être nécessaires. Nous parviendrons à faire cette séparation d'une manière assez approximative en considérant ce qui se passe aujourd'hui sur les routes royales.

Les 22 millions qu'elles dépensent se subdivisent ainsi qu'il suit :

Entretien de chaussées, mains-d'œuvre, environ............	14,500,000 fr.
Entretien d'ouvrages d'art existans, environ..........................	1,000,000
Grosses réparations, ouvrages neufs, etc., environ........	4,500,000
Frais d'administration et de surveillance, environ..........	2,000,000

Les trois dernières dépenses forment à peu près le tiers de la somme totale; et si l'on remarque que, dans les chemins vicinaux, la proportion deviendra probablement moins forte, on pourra en conclure que 7 millions de francs pour les chemins vicinaux, et 9 millions pour les chemins communaux seront, selon toute apparence, supérieurs aux besoins en argent qu'exigera leur entretien. Et si, en outre, on transporte aux premiers les frais d'administration et de surveillance des derniers, on aura 8,500,000 fr. pour les chemins vicinaux, et seulement 7,500,000 f. pour les chemins communaux.

Nous voyons, d'un autre côté, que les dix cen-centimes départementaux, joints au centime fixe général, donneront 10,379,065 fr., et que les quatre centimes communaux, joints au centime fixe départemental, donneront 8,539,806 fr. Il est donc bien clair que les ressources en argent consacrées par notre système sont en harmonie parfaite avec les besoins de l'entretien annuel.

Restauration des chemins actuels.

Quant à la restauration des chemins actuels, c'est surtout en ce point que notre système présente des avantages immenses. Qui ne comprendra, en effet, que lorsque l'on aura assigné à chaque champ une portion de chemin à entretenir, le propriétaire, à raison de la permanence de la désignation, sera fort peu difficile sur la nature et l'étendue des travaux qu'on lui demandera pourvu qu'ils ne dépassent pas la limite de ses loisirs. Il est évident que l'amour-propre individuel viendra ici au secours de l'intérêt général, et disposera le prestataire à mettre sa portion de chemin promptement en bon état, ne fût-ce que pour ne point paraître plus négligent que son voisin. Par ce simple mécanisme, les populations, au bout de peu de temps, se trouveront en définitive avoir restauré les chemins sans que ce travail leur ait coûté le plus souvent autre chose que l'emploi de leurs loisirs.

Équilibre de sacrifices entre les diverses classes de contribuables.

Il nous reste à prouver que, dans un état normal de viabilité, l'équilibre des sacrifices existe entre les diverses classes de contribuables. Pour y parvenir, il suffit de remarquer que les tâches d'entretien imposées aux fonds de terre ne valent pas, pour le prestataire, plus que les six centimes de contribution dont on le dispense. Ce travail, en effet, avec les facilités et quelquefois les avantages (1) qu'il présente, n'a, pour celui qui le subit, qu'une valeur insignifiante, certainement inférieure au cinquième de la valeur réelle des ouvrages exécutés. Or les deux tiers des 50 millions restent seulement à la charge des tâches d'entretien, et réduits au cinquième, ils ne donnent que 6,666,666 fr., somme inférieure au produit des 6 centimes fonciers qui s'élèveraient à 9,284,311 fr.

Conclusion générale du chapitre III.

De tout ce qui précède il faut donc conclure que le système des tâches permanentes, tout en n'imposant aux populations que des sacrifices en argent, sensiblement inférieurs à ceux consacrés dans le projet du gouvernement et dans celui de la commission, est cependant le seul dont les ressources soient vraiment au niveau des besoins.

Dans le chapitre suivant nous allons examiner comment elles seront le mieux administrées.

(1) Nous avons vu, page 41, que les sédiments qui remplissent les fossés peuvent être souvent utilisés par l'agriculture.

CHAPITRE IV.

ADMINISTRATION.

---

§ I.er

Principes généraux.

Division de tout travail en trois opérations.

L'homme ne se livre à des travaux, que lorsque les efforts qu'ils doivent lui coûter sont moins pénibles que n'est puissante la satisfaction qu'il espère en retirer.

Une opération doit donc précéder tout travail : c'est l'appréciation des besoins qu'il est destiné à satisfaire, et des ressources qu'il est possible d'y consacrer sans nuire à d'autres destinations plus utiles.

Puis, vient la recherche des moyens propres à rendre l'emploi de ses ressources le plus fructueux possible en consultant l'expérience acquise dans des travaux semblables. *C'est l'art qui les donne.*

Enfin, ces dispositions, que l'art a conseillées, il faut les mettre à exécution; et c'est en distinguant soigneusement ces trois opérations : le *programme*, le *projet*, l'*exécution*, que nous parvenons à tirer de nos forces et de nos ressources la satisfaction la plus grande possible.

Les motifs de cette division du travail sont nombreux.

Programme.

Et d'abord, il est évident qu'il n'est pas donné à un seul homme d'embrasser toutes les connaissances exigées par cet ensemble d'opérations. L'intéressé devra le plus souvent se borner à déterminer le programme de ses besoins et de ses ressources, s'il veut échapper au danger de tomber dans des erreurs, que l'art lui aurait évitées, et qui pourraient compromettre gravement ses intérêts. C'est ce qui arrive trop souvent dans les constructions privées lorsque l'on croit pouvoir se passer des hommes spéciaux.

Projet. Si vous faites, au contraire, déterminer le programme par l'homme de l'art, vous avez à craindre de le voir mettre ses intérêts techniques, son amour-propre de constructeur à la place du besoin réel que le travail est destiné à satisfaire.

Exécution. D'un autre côté, projeter et exécuter sont deux opérations tellement distinctes, qu'elles exigent des qualités souvent exclusives les unes des autres. L'esprit d'ensemble est nécessaire à la première; il faut à la dernière surtout l'esprit de détail.

Ajoutons la question de probité, si importante pour l'exécution, tandis qu'elle n'est pas indispensable à la formation du projet dans lequel tout est à découvert; considérons enfin le danger sérieux qu'il y a, en confiant au même homme le projet et l'exécution, qu'il ne succombe au désir de donner des conseils qu'il puisse plus tard exploiter à son profit, et nous demeurerons convaincus qu'il y a presque toujours avantage à séparer soigneusement les trois opérations.

La vigilance de l'intérêt privé peut quelquefois en dispenser; mais il y a grave imprudence à violer ce principe lorsqu'il s'agit de travaux publics, où l'on ne trouve plus cette volonté unique, ce zèle, ce discernement de l'individu stipulant pour son propre compte, et cette connaissance parfaite de ses besoins et de ses ressources. Là, si l'on veut agir sagement, on demandera, autant que possible, le programme à l'intéressé, le projet à l'homme de l'art le plus habile, l'exécution à l'homme de l'art habile mais surtout intègre.

Voies publiques. Ces réflexions sont surtout applicables aux travaux des voies publiques. Ici, tout est collectif, immense lorsque l'on considère la masse d'intérêts divers qui s'y rattache; insignifiant dès que l'on descend à l'individu. Si, dans la détermination du programme de chaque travail, il fallait consulter toutes les personnes qu'il intéresse à un dégré quelconque, c'est la nation tout entière qu'il faudrait appeler, car aucune voie ne lui est indifférente. Tout le monde conçoit l'impossibilité d'une telle opération, et chacun sent que la force des choses conduit à beaucoup restreindre le nombre des conseillers qu'il est convenable de donner à chaque voie publique.

La première réflexion qui se présente, c'est qu'il est presque toujours sans objet de s'adresser à ceux qui n'auront pas habituellement occasion de faire usage de l'amélioration projetée. Il y a plus : des individus peuvent être froissés par un travail utile à la société générale ; l'ouverture, l'amélioration d'une route, peut affaiblir la fréquentation d'une autre, et nuire aux intérêts qui se rattachent à celle-ci. Est-ce à dire pour cela que la première doive être abandonnée ? Oui, si l'on consulte ceux qu'elle contrarie : non, si l'on s'adresse à la nation entière, qui a intérêt à ce que les voies publiques soient nombreuses, à ce que toutes soient viables. Si donc on veut recevoir un avis conforme à celui qu'elle donnerait elle-même, il faut éviter avec soin de consulter les intérêts hostiles.

C'est là le premier écueil que rencontre l'organisation des routes. Ce qui le rend plus difficile à éviter, c'est que les intérêts ennemis sont ordinairement voisins les uns des autres ; et si, pour administrer les chemins, on les groupe par circonscriptions territoriales, on court le risque de mettre en présence des intérêts opposés qui, au lieu de répondre au nom de la société tout entière, laisseront parler leur hostilité individuelle, et, en se contrariant mutuellement au lieu de s'aider, iront directement contre le but qu'on s'était proposé en les consultant. Mieux vaut certainement les tenir isolés et laisser à chacun non la possibilité de nuire à l'autre, mais les moyens de s'occuper avec fruit de lui-même. Alors les intérêts divers, prospéreront à la fois, et le but social se trouvera atteint.

Voies publiques en Angleterre.

Ces considérations ont évidemment présidé à l'organisation des voies publiques de l'Angleterre. Ses routes de comté comprennent tout le réseau marcadal qui répond à la fois à nos routes royales, départementales, vicinales; et cependant chacune d'elles a son administration à part, composée d'hommes différents, représentants de localités toutes *certainement* intéressées à sa bonne viabilité. Là, point de luttes possibles entre des lignes rivales; s'il y a divergence d'opinions, elle ne peut porter que sur les travaux de la même voie et ne soulevera le plus souvent que des questions de temps.

Pour les chemins de paroisse il y a, il est vrai, administration collective de toutes les voies situées sur le territoire de chacune d'elles, mais ici le danger est considérablement amoindri soit par l'affaiblissement de leur importance, soit parce que ces chemins, presque tous voués à la production, peuvent bien être l'objet de quelques préférences, mais soulèvent bien rarement, dans la même paroisse, des intérêts ennemis. Et, puis avec quel soin la loi ne cherche-t-elle pas à identifier ces chemins avec leur gardien? Elle dit à celui-ci : « Tous les chemins de la paroisse » vous sont confiés : prenez leurs biens, faites exécu» ter leurs travaux; administrez-les comme votre » propre affaire. Quand viendra le moment de ren» dre compte de votre tutelle, si vous avez adminis» tré en bon père de famille, la paroisse reconnaissante » vous remerciera et vous priera de continuer vos » soins à ses intérêts. Si votre gestion est négligente » ou infidèle, elle ne durera qu'un jour, et d'autres » plus capables se chargeront du mandat que vous » n'aurez pas su remplir. »

Influence de l'élément aristocratique.

Pour se faire une idée exacte de toute la portée que peut avoir pour l'Angleterre cette organisation, il faut ne pas la séparer de ses institutions politiques, et voir dans le gardien des routes, non pas simplement un agent-voyer, donnant moyennant salaire ses soins aux chemins de la paroisse, mais bien l'homme le plus considérable du lieu, celui qui tient dans ses mains une grande portion du territoire paroissial et qui s'impose à ses propres fermiers, plutôt qu'il n'est choisi par eux, pour veiller aux voies publiques. A côté de lui, la loi place un gardien adjoint, qui peut être salarié et recevoir délégation de tous les pouvoirs du gardien principal. Celui-ci est le protecteur, l'autre est l'homme de l'art : le premier prête l'appui de sa suprématie locale, le dernier fournit son travail, ses connaissances spéciales, sa surveillance.

Nécessités d'une société démocratique.

Mais retranchez l'élément aristocratique, transportez-vous dans un pays où tout est nivelé, où la force sociale, au lieu d'être concentrée dans quelques mains, est disséminée sur tout le monde, et vous verrez bientôt cette organisation, puissante chez nos voisins, languir dans l'inertie ou se heurter contre toutes les prétentions individuelles. Elle y périra d'atonie ou d'irritation.

C'est là ce qui nous arriverait si nous nous avisions d'emprunter à l'Angleterre, pour nos chemins communaux, l'organisation de ses chemins de paroisse. Qu'on se figure chez nous un voyer communal nommé chaque année par les habitants de la commune, avec mission d'employer, selon sa volonté arbitraire, l'argent, les prestations, toutes les ressources en un mot disponibles pour les chemins; de surveiller les empiétements des riverains; de réprimer tous les délits de voirie, et qu'on dise si l'on trouvera en France 38,000 personnes, nous ne disons pas seulement assez probes pour ne détourner à leur profit aucune parcelle du dépôt confié, mais assez indépendantes de ceux sur qui elles seront forcées de faire peser leur mandat si elles veulent l'accomplir. Et puis, à la fin de l'année, chaque voyer viendra-t-il, comme en Angleterre, devant ses fermiers qu'il pourra congédier s'ils ne prennent pas ses invitations pour des ordres? Non, ce sera devant ses égaux en fortune, en influence; devant ses égaux sur lesquels son mandat précédent aura dû s'appesantir; et l'on pourrait croire que les ressentiments individuels à qui toute liberté serait donnée n'agiraient pas plus puissamment que la raison pour empêcher le renouvellement d'un mandat dont l'exécution n'aura déplu que parce qu'il aura été religieusement accompli dans l'intérêt social. Ce serait trop présumer de l'humanité et oublier qu'elle a ses nécessités mauvaises qu'il faut savoir regarder en face, pour n'en être pas surpris. Non, dans un pays démocratique, la force d'exécution ne peut pas se puiser dans la localité même. Il lui faut une origine complètement indépendante de ceux contre lesquels la répression doit s'opérer, et nous verrons plus bas que le pouvoir central peut seul la lui donner.

N'étendons pas plus loin ces réflexions générales sur les principes divers qui, selon les lieux et les peuples, doivent présider à l'organisation des voies publiques. Cherchons à les appliquer à notre pays.

§ II.

Administration des voies publiques de la France.

PROGRAMME.

Examinons dabord à quelles autorités nous confierons le soin de faire le classement de nos chemins. Classement.

Cette question a donné naissance à bien des projets. Mais quelle que soit leur divergence, il est un point sur lequel tous s'accordent, tant l'évidence est grande : c'est sur la nécessité de former, aux dépens des chemins vicinaux actuels, une classe particulière qui ne soit plus à la merci de l'égoïsme communal, et vienne se placer pour l'importance entre la route départementale et le chemin de la commune.

Dans cette classe intermédiaire, les uns ont vu des chemins de canton, d'autres des chemins d'arrondissement, d'autres enfin ont voulu les deux à la fois, donnant ainsi à chaque circonscription administrative ses chemins spéciaux.

Mais cette idée, qui se présente peut-être la première, et à laquelle on se trouve naturellement conduit par analogie avec ce qui doit se passer pour les routes départementales et les chemins des communes, n'est nullement en harmonie avec le mécanisme social.

Voies d'assemblage extra-cantonales.

Ce n'est pas en effet, nous l'avons déjà vu, par délimitations territoriales que se groupe l'intérêt collectif des voies d'assemblage. Une commune a besoin pour ses échanges de plus d'un marché; elle en fréquente ordinairement et nécessairement trois ou quatre; et comme chaque canton en renferme à peine un, l'intérêt qui s'attache aux voies marcadales se trouve essentiellement extra-cantonal. Ne rattacher la commune qu'au cercle de son canton, c'est donc la rendre étrangère aux deux tiers au moins de ses intérêts vicinaux, et la forcer à s'occuper la plupart du temps de chemins dont elle n'aura jamais à se servir.

De là, conflit continuel dans le sein même du conseil cantonal; il ne serait pas rare de voir les intérêts hostiles ou indifférents, plus forts que les intérêts amis, dénier à un chemin son caractère marcadal pour lui refuser les ressources cantonales, et il se trouverait relégué dans les chemins des communes, alors même que le canton voisin l'eût déclaré cantonal.

Nous n'ajouterons rien à ces observations : il est trop évident qu'une agglomération cantonale des voies d'assemblage est complètement en opposition avec le mécanisme social.

Une agglomération par arrondissement présenterait quoiqu'à un moindre degré les mêmes inconvénients. Il existe, il est vrai, quelques chemins de marché qui ne sortent pas de cette circonscription administrative; mais, pour bien apprécier l'importance de cette remarque, il faut les compter; et alors on trouve que, pour un chemin marcadal qui ne sort pas de l'arrondissement, il y en a quatre qui sont à cheval sur deux arrondissements différents.

Voies d'assemblage : extra-arrondissementales.

Si l'on observe d'ailleurs que l'assemblage commercial ne peut pas se compléter dans l'arrondissement et que les produits exportables n'abandonnent les voitures du producteur que lorsqu'ils sont rendus à la cité principale, on restera convaincu que l'intérêt collectif des voies d'assemblage s'élance au dehors de l'arrondissement, et que cette délimitation administrative serait encore en opposition avec le mécanisme social.

Reste l'agglomération départementale. Ici du moins nous avons une cité principale, et les opérations de l'assemblage commercial peuvent se compléter sans sortir de la circonscription territoriale. Ajoutons que celle-ci étant quatre fois plus grande que les arrondissements doit avoir des frontières proportionnellement deux fois moindres, et il deviendra évident que les inconvénients attachés aux arrondissements et aux cantons se trouvent considérablement atténués.

Agglomération départem.[le] : seule en rapport avec le mécanisme social.

Il ne faut pas toutefois perdre de vue qu'il y aura même ici des intérêts vicinaux à cheval sur deux départements; mais ils auront en général peu d'importance parce que la limite départementale se trouvera tout naturellement le lieu où les opérations commerciales se sépareront pour se diriger vers les deux centres commerciaux différents; et, en réservant d'ailleurs à l'autorité supérieure la décision des questions controversées entre deux départements, on arrivera à les résoudre sans créer à l'administration centrale un travail considérable; tandis que si l'on eût voulu par une réserve analogue rémédier aux inconvénients des administrations cantonales ou arrondissementales, l'exception serait devenue la règle générale, et l'on fût toujours arrivé par une autre voie à l'autorité départementale.

La voie qui unit deux marchés voisins : indivisible dans le même département.

En résumé nous voyons qu'il doit y avoir des voies communales parce que la commune est une unité *(unité de production)*, qu'il y a des routes départementales parce que le département est une unité *(unité de production)*. Mais entre ces deux unités il n'en existe pas d'autre dans le mécanisme social. L'assemblage commercial part de la commune pour ne s'arrêter qu'à la cité principale, et entre deux marchés voisins compris dans le même cercle commercial, l'intérêt qui s'attache à la voie qui les réunit est indivisible, parce que toute commune qui s'en sert doit la parcourir aussi bien sur le territoire cantonal voisin que sur celui dont elle dépend.

Plus divisible entre deux départements.

Cette indivisibilité de la voie qui unit deux marchés ne s'affaiblit que lorsqu'ils appartiennent à deux cercles commerciaux différents, parce que les opérations de l'échange local trouvant alors à se compléter, chacune de son côté, elles peuvent se séparer et diminuer d'autant les relations réciproques entre les deux réunions marcadales.

Ce sera donc à une autorité départementale que devra être confiée la formation de cette classe de chemins qu'il nous faut conquérir sur les chemins vicinaux pour les rendre à leur destination sociale en en faisant une appendice des routes départementales.

Classement confié au conseil général et au préfet pour les voies d'assemblage.

Cela nous conduit à les faire classer par le conseil général d'accord avec l'autorité exécutive; seulement, au lieu d'exiger comme pour les routes départementales une ordonnance royale, l'importance et l'étendue beaucoup moindres de ces nouvelles voies nous permettront de nous contenter d'un arrêté du préfet rendu sur avis conforme du conseil général. La volonté d'une de ces deux autorités ne suffira pas pour modifier l'état préexistant, et elles ne seront pas obligées de céder l'une à l'autre, parce qu'il n'y aura aucun péril à laisser chaque chemin dans sa situation présente aussi long-temps que l'une de ces autorités jugera convenable de ne rien y changer. La nécessité de cet accord qui ne compromettra jamais le présent, préviendra au contraire tout entraînement de l'ignorance, de l'égoïsme ou de la passion.

Dénomination nouvelle des chemins.

Quant au nom que ces nouvelles voies devront porter, ce qu'il y aurait de plus logique, ce serait d'en faire des routes départementales de 2e et de 3e classe; car nous avons vu plus haut qu'elles entrent dans une même catégorie sociale avec les routes departementales actuelles. Si lon s'établissait sur un terrain complètement neuf, il n'y aurait pas à hésiter sur le parti à prendre; mais il ne faut pas perdre de vue que l'idée qui s'attache actuellement à cette dénomination est plus vaste que ne le comporterait l'importance de ces chemins, et il se pourrait que le nom, en faisant prendre le change, nuisît à la création. En second lieu, nous avons vu que nous sommes forcés de créer, pour ces chemins, des ressources nouvelles et spéciales, indépendantes de celles assignées déja aux routes départementales actuelles; et il serait à craindre qu'une dénomination analogue n'amenât la confusion dans cette partie de l'organisation. Pour ces divers motifs, nous croyons préférable de leur conserver le nom de chemins vicinaux, en donnaut à ce mot une signification nouvelle, et en appelant communaux les chemins laissés aux communes.

Chemins communaux classés et déclassés par le conseil municipal d'accord avec le maire et le préfet.

Ces derniers doivent conserver leur caractère communal tant qu'ils sont publics; et, pour créer ou détruire cette publicité, ce ne sera pas trop de l'accord du conseil municipal avec l'autorité exécutive exercée sur les lieux par le maire; mais comme il se pourrait qu'une intelligence partiale existât momentanément entre ces deux autorités locales, pour enlever à un chemin ou lui donner, dans un intérêt privé et au détriment de l'intérêt social, le caractère communal, il nous parait nécessaire de soummettre l'arrêté du maire à l'approbation du préfet. Ici, comme pour les chemins vicinaux, le seul mal qui pourra résulter du désaccord entre les diverses autorités, c'est le maintien de l'état préexistant. Et, lorsque l'on ne part pas du néant, il y a moins de péril à la demeure qu'il n'y en aurait dans la possibilité d'innover imprudemment et sans contrôle.

Routes royales : classées par la loi.

Quant aux routes royales, elles sont actuellement classées par la loi : cela doit être, car c'est le budget général qui pourvoit à leur dépense. Des enquêtes préalables et locales sont établies pour éclairer le législateur ; nous ne voyons donc pas qu'il y ait à changer dans cette partie de l'organisation de nos voies publiques.

Distribution des ressources.

Nous arrivons à la distribution des ressources. C'est ici surtout que prend de la force le danger, pour les chemins, des agglomérations territoriales ; là se trouvent pêle et mêle, en présence, des entérêts amis, indifférents, hostiles ; luttant chacun non pour utiliser les ressources communes, comme le ferait la société elle-même, si elle pouvait parler et agir comme un seul homme, mais pour arracher à la délibération la part la plus grande pour lui-même, et la plus petite pour son ennemi, au risque de faire périr celui-ci d'insuffisance alors peut-être qu'on regorgera soi-même de superflu.

Avantages du système des barrières.

Le système des barrières, il faut l'avouer, échappe presque complètement à cet écueil. Là, chaque voie trouve en elle-même ses ressources propres, et n'a pas à les disputer à vingt voix différentes. Il ne peut donc y avoir lutte qu'entre les divers points de la même route ; et, lorsqu'elle est bien classée, les intérêts qui s'attachent à elle, l'affectionnant dans toutes ses parties parce qu'ils sont presque également exposés à se servir de toutes, lorsqu'ils seront consultés sur la répartition des ressources, répondront presque toujours comme l'eût fait la société elle-même, car c'est pour eux surtout qu'elle eût parlé.

Mêmes avantages dans le système des tâches permanentes.

Mais le système des tâches permanentes ne présente-t-il pas tous ces avantages, et au plus haut degré? Il n'agit, il est vrai, que sur les travaux ordinaires d'entretien; mais aussi là ce n'est pas seulement la route entière qui a sa ressource propre, c'est chaque point, sans qu'il soit besoin de provoquer une délibération quelconque. Que l'on compare cette répartition, cette sous-répartition, faites d'elles mêmes, toujours suffisantes, jamais superflues, à ce qui se passerait dans un conseil cantonal, par exemple, où la lutte serait d'autant plus vive, que les intérêts ennemis se trouveraient plus rapprochés et plus surement représentés; ou bien dans un conseil d'arrondissement ou de département, dans lequel chaque canton n'envoyant qu'un seul homme, une foule de voies qui n'auront aucun organe personnellement intéressé à leur viabilité, risqueront d'être sacrifiées à celles assez heureuses pour être utiles à quelque membre du conseil. Entre celles-ci le gâteau; aux autres les miettes.

Mais, dira-t-on, l'agent-voyer n'est-il pas là pour plaider la cause des absens? Cela peut être sans doute, et selon nous sa présence est une nécessité; mais peut-on espérer qu'elle suffira pour détruire le mal? alors on oublierait que l'homme de l'art a lui-même ses partialités techniques; s'il aime les ponts, si ces travaux ont principalement occupé sa vie, les chaussées disparaîtront à ses yeux. Si une route est fréquentée par des voitures de poste qui puissent porter au loin sa renommée, celle-ci malgré lui l'occupera plus que la voie condamnée au simple roulage, plus modeste à la vérité, mais non moins utile. En un mot, l'homme de l'art, pas plus que les autres hommes, n'est exempt

6

de partialité; il y succombe, même à son insu, avec une conscience pure; et sa présence dans le conseil ne peut qu'atténuer le mal; elle ne le détruira pas : il est dans l'humanité.

C'est donc un argument de plus, un argument puissant en faveur des tâches permanentes qui, pour les travaux ordinaires d'entretien, échappent si bien à ces défauts inévitables dans les autres systèmes. Restent il est vrai les travaux d'art et les travaux extraordinaires. Mais ici combien les inconvénients ne sont-ils pas amoindris? qu'il s'agisse de donner à une chaussée une viabilité plus ou moins parfaite, chacun demandera pour la sienne une perfection plus grande; chacun trouvera toujours dans l'état de celle qui l'intéresse un motif pour appuyer ses exigences; mais pour les travaux d'art il n'en saurait être de même. On ne peut pas vouloir un pont là où il n'y a pas de rivière. On ne peut pas demander des remblais là où la route est assez haute, des déblais là où elle est assez basse, on la gâterait. On ne peut pas demander des murs de soutènement là où il n'y a que des fossés. En un mot les travaux d'art ou extraordinaires portant avec eux un cachet de nécessité qui leur est propre, se soustrairont toujours, beaucoup plus facilement, aux exigences déraisonnables, et la répartition des ressources courra des dangers bien moindres, si les conseils collectifs n'ont à s'occuper que d'eux. Dans le système des tâches permanentes, nous pourrons donc la leur confier, et les raisons, données à propos du classement, militeront ici avec plus de force encore pour charger de cette répartition le conseil général, quand il s'agira des voies d'assemblage, le conseil municipal pour les chemins communaux.

Il reste cependant encore un danger pour les chemins collectifs : c'est que chacun d'eux n'ait pas dans le conseil général des organes, personnellement intéressés à proclamer ses besoins. C'est celui qui passe sur la route avec sa voiture qui peut bien dire ce qui lui a causé le plus d'efforts, ce qu'il importe le plus d'améliorer. Et s'il se tait, qui parlera ? sera-ce le représentant du canton ? Oui, pour la voie dont il se servira souvent; mais pour les autres? l'agent-voyer ? l'agent-voyer, nous l'avons déjà dit, est trop souvent dominé par ses préoccupations techniques. Et d'ailleurs est-ce lui qui dira que la viabilité est mal entretenue, que la surveillance est insuffisante, lorsque chacun de ces reproches viendra se réfléchir sur lui et accuser sa négligence ? non certainement : il ne faut compter ni sur l'un ni sur l'autre; n'oublions pas ce que nous avons dit plus haut : *C'est surtout aux intéressés qu'il faut demander le programme*, et s'il n'est pas possible de réunir tous les intérêts pour répartir les ressources communes, que chacun soit du moins appelé à proclamer ses propres besoins.

Commissions spéciales.

Pour y parvenir il est un moyen tout simple. Il consiste à borner les attributions du conseil général à la distribution des ressources par chemin, et à laisser à chaque voie le soin soit de sous-répartir à ses divers travaux le crédit accordé, soit de signaler pour l'avenir au conseil général les besoins à satisfaire; il suffit pour cela d'une commission spéciale puisée principalement dans les populations qui se servent habituellement du chemin.

On a proposé de la composer de tous les maires des communes desservies. Il y a dans ce mécanisme simplicité et convenance; toutefois il présente plusieurs inconvénients, et le plus grave de tous, c'est de donner aux populations rurales une véritable supériorité sur les bourgs et les cités, qui ont cependant un intérêt si majeur au bon état des voies qui les unissent.

D'un autre côté, sur tous les maires, il pourra n'y en avoir aucun qui se trouve membre du conseil général, et en position d'y faire valoir les impressions et les lumières locales.

Enfin, le nombre pourra en être trop considérable et compliquer cette partie du service qui aurait tant besoin de simplicité.

Ces motifs divers nous conduisent à composer ces commissions spéciales de cinq membres seulement : un conseiller départemental, l'agent-voyer, et trois maires des communes traversées parmi lesquels, avant tout, les maires des chefs-lieux de canton ou des communes ayant un marché.

Dans cette composition, tous les intértêts sont représentés sans tyrannie au profit des uns, au détriment des autres; car sur les trois maires, deux appartiendront ordinairement aux communes extrêmes, et un seulement aux communes rurales. L'intérêt des cités ne sera donc pas sacrifié à l'intérêt rural, et celui-ci aura pour le défendre le membre du conseil général et l'agent-voyer. En outre, le conseiller départemental, instruit par là des nécessités locales, ira les appuyer au conseil général et y porter la lumière, qui sans cela n'y fût arrivée que douteuse et presque par accident.

Les commissions locales qui nous paraissent un rouage si utile pour la bonne administration des chemins vicinaux, deviennent plus indispensables encore pour les routes départementales. Dans les premiers, les travaux ordinaires d'entretien, au moyen des tâches permanentes, échapperaient du moins aux erreurs et aux partialités du conseil général : ce sont les deux tiers des dépenses; et l'autre tiers, nous l'avons vu plus haut, porte avec lui une spécialité et des signes qui lui sont propres, suffisants pour imposer silence aux exigences mal fondées; mais pour les routes départementales il n'en serait pas de même : les tâches d'entretien n'embrassent que les accotements : la chaussée tout entière est laissée aux fonds communaux. Il est donc plus nécessaire encore de consulter ici les commissions spéciales.

Quant aux routes royales, la question se modifie : ici l'intérêt qui s'attache à la voie sort de la limite départementale. L'autorité qui préside à la répartition des ressources doit donc embrasser plus d'un département. Ces ressources d'ailleurs sont puisées au trésor de l'état, et ce n'est qu'une autorité centrale qui peut les répartir. Le directeur général des ponts et chaussées semble alors désigné par la force des choses pour remplir, entre les départements, dans ce qui concerne les routes royales, le même office qui est confié au conseil général entre les routes du département.

Mais les commissions locales pour faire la sous-répartition du crédit accordé à chaque route, sont-elles ici nécessaires? Évidemment oui, plus encore que dans les autres voies, puisque l'autorité qui répartit est beaucoup plus éloignée des localités qui profitent.

C'est ce qui a été compris lorsque l'on a créé, il y a quelques années, la commission des routes composée, dans chaque département, du préfet président, de l'inspecteur divisionnaire, de l'ingénieur en chef, des ingénieurs ordinaires, ces derniers n'ayant que voix consultative, et de deux membres du conseil général. On a confié à cette commission le soin de répartir, entre toutes les routes royales du département, les fonds destinés par le directeur général à leur entretien ordinaire. Auparavant, les ingénieurs étaient seuls consultés pour cette répartition. On a voulu, et on a eu grandement raison, que le directeur général connût aussi ce qu'en pensaient les localités elles-mêmes. On l'a voulu, mais l'a-t-on obtenu ? Évidemment non. Que peuvent apporter de lumières différentes de celles des hommes de l'art, ces deux membres du conseil général appelés à s'occuper de toutes les routes du département, lorsque c'est à grand peine s'ils en connaissent une, concurremment avec trois hommes spéciaux qui doivent les connaître toutes, et le préfet qui ne peut les juger que par les ingénieurs. L'élément local ne figure là que pour la forme. C'est un mensonge

Mieux valait alors garder encore la sincérité du système précédent. Là, les localités n'étaient rien, les hommes de l'art étaient tout : c'était avoué ; et la société pouvait du moins leur demander compte de l'usage fait de ce pouvoir sans contrôle. Ils auraient répondu sans doute que si, à une époque qui n'est pas loin derrière nous, les localités eussent été consultées, la féodalité eût usurpé le droit de parler seule, et au lieu de routes communes, la France n'aurait aujourd'hui que des chemins de château. Cette exclusion des localités, cette indépendance des hommes de l'art, furent certainement à une autre époque un bien immense ; mais aujourd'hui que les mêmes motifs n'existent plus, aujourd'hui que l'on croit leur concours utile, il faut qu'elle soit réelle et non illusoire, comme dans la commission des routes.

Mais pourquoi ne pas confier, au conseil général tout entier, ce qu'on demande à cette commission ? Craindrait-on d'annuler par là l'influence légitime des ingénieurs ? Alors il faudrait aussi le craindre pour les routes départementales ; et cependant l'expérience a prouvé que ces craintes sous ce rapport seraient sans fondement ; car leur influence est certainement demeurée aussi puissante. La raison en est simple : sur chaque question soulevée par les routes, c'est à peine s'il y a dans le conseil un membre qui ait eu occasion de se faire par lui-même une opinion quelconque. Les autres sont à la fois ignorants des faits et de la science, et se trouvent dans la position d'un juge qui, sur une question technique, doit se décider entre l'homme de l'art et un homme ordinaire. Il est clair que le premier doit presque toujours être cru sur parole, et c'est là une des raisons qui nous ont fait recourir pour les voies d'assemblage, comme supplément d'instruction nécessaire, à l'opinion de commissions spéciales, composées d'hommes connaissant par eux-mêmes et par un usage habituel le chemin particulier, dont ils ont mission de s'occuper. Les mêmes raisons, et avec plus de puissance encore, militent donc pour étendre ce système aux routes royales.

Le conseil municipal sert de commission spéciale pour les chemins communaux.

Pour les chemins communaux, la simple raison indique que la sous-répartition, comme la répartition du fonds commun communal, peut être confiée au conseil municipal, parce qu'ici tous les membres, quoique à la vérité diversement intéressés aux voies communales, connaissent du moins ou sont à portée de vérifier immédiatement les faits allégués pour chacune d'elles. Les motifs qui pour les autres voies nous ont fait séparer ces deux opérations, perdent donc ici toute leur importance, et permettent de simplifier le rouage, en n'appelant que le conseil municipal.

Intervention supplétive du préfet.

Nous n'avons point encore parlé de l'intervention de l'autorité exécutive dans la distribution des ressources affectées par la loi aux voies publiques. Cependant on conçoit qu'elle devient plus indispensable encore que dans le classement. Ainsi, un travail imprévu surgit inopinément après la session du conseil général; il faudra modifier la répartition, sous peine de voir les communications interrompues, et cependant on ne pourra pas convoquer à tout propos, soit le conseil départemental, soit les commissions spéciales : une dépense obligatoire aura été omise : une contestation entre deux chemins laissera les communications imparfaites à leur point de jonction : la limite supérieure des ressources, autorisée par la loi, aura été dépassée par les allocations diverses : cette limite enfin, soit par incurie, soit par mauvais vouloir, ne sera pas atteinte, alors cependant que les chemins seront en mauvais état : dans tous ces cas, il est de la dernière évidence, que le pouvoir chargé de veiller au salut de la société générale doit intervenir, soit pour éclairer l'ignorance, soit pour vaincre l'obstination.

On a proposé de porter cette intervention beaucoup plus loin : on a voulu, et la dernière commission de la Chambre des députés est dans ce cas, on a voulu que le préfet eût tout à décider sur les chemins collectifs : répartition entre les chemins du département, sous-répartition entre tous les travaux, détermination pour chaque commune de ce qu'elle aura à fournir en argent, en prestations.

Mais a-t-on bien songé à toute l'énormité de ce travail, lorsqu'on a voulu en charger un seul homme dont le temps est déjà si rempli par d'autres occupations importantes? A-t-on réfléchi que cette attribution n'embrasserait pas par département, sans compter tous les chemins communaux, moins de 500 lieues de chemins vicinaux, distribués en cent chemins différents? A-t-on vu que, pour déterminer chaque année, chaque fois, la proportion d'intérêts de chaque commune à chaque chemin, soit en argent, soit en prestations, la vie d'un homme ne saurait y suffire? Et dans quel but, d'ailleurs, le charger de ce lourd fardeau? pour activer l'indolence, pour éclairer les ignorants, pour vaincre l'obstination? Tout cela, nous l'approuvons sans réserve; mais ceux qui marchent bien, pourquoi ne pas les laisser aller tout seuls? Et n'est-ce pas assez de suivre ceux qui marchent mal?

On allèguera peut-être que les agents-voyers seront là pour faciliter ce rouage. Ce serait dire, en d'autres termes, que l'agent-voyer hériterait le plus souvent de l'arbitraire donné au préfet, et cela, par la force des choses, parce que le préfet ne pourrait humainement suffire qu'à la moindre partie de ce travail. Quand il n'y aurait que cet inconvénient, il est immense, et il rendrait à lui seul le système intolérable.

Oui, sans aucun doute, l'intervention de l'autorité exécutive est nécessaire; mais il la faut simplement *supplétive*. Donner au préfet *l'initiative*, c'est lui faire le plus funeste des présents, et lui imposer un devoir impossible à remplir.

Résumé.

D'après ce qui précède, nous voyons, en définitive, qu'il convient d'exiger, pour toute modification au classement existant, l'accord de l'autorité exécutive avec l'autorité consultative, et que celle-ci doit être, pour une route royale, le pouvoir législatif, éclairé par des enquêtes locales; pour une route départementale et un chemin vicinal, le conseil général éclairé de l'avis des conseils d'arrondissement et municipaux; pour un chemin communal, le conseil municipal. Nous voyons que la répartition des ressources doit être faite, entre les départements, par le directeur général des ponts et chaussées pour les fonds spéciaux centralisés sur toute la France et pour ceux qui proviennent du budget général de l'État; entre les routes du même département, par le conseil général; entre les travaux de la même route, par une commission spéciale; le tout sous l'autorité *supplétive* des préfets chargés d'agir dans les cas accidentels, et pour ceux qui n'agiront pas ou agiront mal. Par une organisation établie sur ces bases, nous aurons assuré le triomphe des intérêts sociaux, et, par conséquent, autant que possible, *demandé le programme à l'intéressé.*

§ III.

Projet et exécution.

Le projet et l'exécution doivent être, nous l'avons déjà dit, distingués avec soin, si l'on veut tirer des ressources sociales le meilleur parti possible. Dans le projet, l'ouvrier disparaît : l'œuvre seule reste. Pour la faire bonne, l'habileté a été nécessaire; mais les autres qualités morales ont pu manquer. Dans l'exécution, au contraire, les qualités morales, l'intégrité surtout sont essentielles, tandis que l'habileté peut être moindre parce que le projet doit y avoir pourvu.

Si donc il était possible, dans tous les travaux des routes, d'arrêter à l'avance toutes les dispositions conseillées par la science, l'homme de l'art resterait dans le cabinet; l'ouvrier seul, l'ouvrier capable simplement de comprendre un projet arrêté, l'ouvrier intelligent et intègre suffirait à l'exécution. Mais il n'en est point ainsi. Une foule de travaux surgissent à l'improviste : tantôt c'est une fondation qui avait été mal prévue, car on ne voit pas toujours bien sous terre, il faut la changer sur l'heure sous peine de compromettre des travaux importants; tantôt un ouvrage hydraulique affouillé par un torrent, menacé d'une ruine prochaine, réclame une réparation prompte et presque toujours extrêmement difficile; un pont, un simple aquéduc est percé, il faut le réparer sur-le-champ pour rétablir les communications; en un mot, et sans compter les travaux de simple entretien de chaussée, ces travaux de tous les instants où les conseils de l'homme de l'art sont constamment mêlés à l'exécution, il y a, dans les ouvrages d'art ou extraordinaires, une infinité de cas où le projet et l'exécution sont inséparables; et ces cas sont les plus difficiles, ceux qui exigent dans l'homme de l'art l'intelligence la plus exercée, la plus prompte, ceux qui réclament toutes les ressources de la science et du génie.

Voilà pourquoi l'on n'a pas pu laisser l'homme de science dans son cabinet; voilà pourquoi il a fallu l'appeler sur les routes à toute heure, car elles peuvent avoir besoin constamment des efforts de son intelligence; voilà pourquoi l'exécution n'a pu être simplement laissée à l'ouvrier intelligent et intègre; il lui a fallu sur les travaux des routes l'homme de l'art le plus habile.

Dans les routes le projet et l'exécution ont été confiés au même homme.

On conçoit dès lors que la société n'en ait pas cherché d'autre pour projeter ces travaux, et que le projet et l'exécution se soient trouvés confiés au même

me, à une époque surtout où ces hommes spé-
x étaient encore en trop petit nombre pour suffire
besoins les plus impérieux des voies de communi-
on.

es progrès sociaux modifient chaque jour cet état
hoses. La disette d'hommes de science disparaît,
jà la société compte, en dehors des corps spéciaux,
hommes d'une habileté reconnue; déjà leurs con-
ions ont été plus d'une fois accueillies; déjà leurs
ets ont été exécutés. C'est une ère nouvelle qui
ontre pour la science : dans les routes comme
les autres travaux publics, le projet commence
uvoir se séparer de l'exécution. Mais est-ce à
que le gouvernement n'ait plus besoin de créer
ommes indispensables à la bonne exécution des
ux des routes, qui joignent à une habileté re-
ue une moralité éprouvée? Est-ce à dire que sur
les points surgissent d'eux-mêmes, par la seule
du progrès social, ces hommes de savoir et de
té? Ce serait une grande erreur que de le croire;
par esprit d'imitation, nous allions, comme nos
ns, abandonner à chaque localité le soin de cher-
ces hommes spéciaux; si nous détruisions, en un
le corps des ponts et chaussées, les regrets ne
aient pas long-temps attendre.

Trois choses principales dans la science de l'ingénieur.

e voyons-nous, en effet, dans la science de
nieur? trois choses : *la théorie, l'application*
e, l'exécution.

La théorie.

théorie constitue les principes généraux de l'art.
és sur la science éclairée, redressée à chaque in-
par la pratique, ils sont le résumé de toutes les
ptions, de toutes les expériences. Isolez ceux
ont chargés de les appliquer, les progrès scienti-
s s'arrêtent aussitôt; et si quelque esprit supérieur
fait faire un pas, cette amélioration demeure
temps cachée au plus grand nombre comme un
. On peut avoir par là quelques hommes qu'un

heureux hasard éclaire en les élevant, et dont l'é
s'augmente de l'obscurité de tous les autres; ma
plus grand nombre vieillit dans la routine.

Établissez, au contraire, entre tous les ingénie
une confraternité scientifique, un foyer central
menté par toutes les recherches locales, et la lun
y deviendra si vive qu'elle éclairera même les pc
les plus éloignés. Alors les progrès de la science se
rapides et généraux; alors vous n'aurez plus se
ment quelques hommes remarquables : vous cré
partout des ingénieurs distingués, et une décou
faite par l'un d'eux profitera aussitôt à tous les au

Ce lien scientifique n'existe pas en Angleterre,
selon nous, c'est un grand vice. L'isolement a pro
dans ce pays tous les mauvais effets que nous a
signalés plus haut.

En France, le lien existe; mais pour être vra
faut dire qu'il n'est pas utilisé comme il pourrait l'
L'administration centrale s'occupe peu de l'examen
questions scientifiques. Elle se borne à encou
quelquefois les recherches locales; elle devrait, s
nous, les provoquer sans cesse. Nous voudrions
dans chaque localité, il y eût un homme de l'ar
l'ingénieur en chef nous paraît admirablement
pour cela, spécialement occupé de recueillir tou
faits locaux utiles à la science; nous voudrions
chaque année il reçût la mission et les moyen
fixer quelque question technique non-résolue;
voudrions que toutes ces recherches locales incessa
incessamment recueillies par l'administration cent
formassent, par ses soins, un corps de science
jours progressif, qui, répandu aussitôt parmi tou
ingénieurs, deviendrait entre leurs mains la sour
progrès plus grands encore.

C'est alors que le corps des ingénieurs se m
tiendrait à la tête de la science; c'est alors
remplirait dignement la mission scientifique q

ue : mission sublime, si elle devient pour la so-
té une source de lumières : inutile, si des lumières
si vives viennent d'ailleurs.

Pense-t-on, d'un autre côté, que l'ingénieur en
ef, ainsi escorté de ses recherches personnelles et
dépôt scientifique qui, chaque jour, lui viendrait
plus haut, n'aurait pas plus d'autorité qu'aujour-
ui, où il est souvent réduit à commander sans
ivaincre. Qu'on se figure ce que peut être la sou-
ssion d'un homme de l'art qui, dans une question
hnique, obéit sans être convaincu, et qu'on dise
'exécution doit y gagner? Mais, s'écriera-t-on peut-
e, l'ingénieur en chef n'est-il pas là pour diriger,
ur exécuter au besoin? Oui, sans doute; mais s'il
cute, qui surveillera? Sera-ce l'inspecteur division-
e? Il est quelque fois à deux cent lieues. Le préfet?
'est pas homme de l'art, il a besoin que quelqu'un
laire; et si l'ingénieur en chef lui manque, qui
ertira? Ce ne sera certes pas l'ingénieur ordinaire.
plainte pour lui n'étant pas un devoir, prendrait
is sa bouche le caractère de la délation, et il en est
pable.

Et puis, que devient la responsabilité technique au
lieu de ce feu croisé d'opinions contraires? Elle
vanouit. Qu'un pont s'écroule sans force majeure,
ui la société pourra-t-elle en demander compte?
ntrepreneur s'écriera qu'il a exécuté fidèlement les
ositions prescrites; qu'il ne saurait être responsable
s fautes de l'art. L'ingénieur en chef répondra que
nature bureaucratique de ses fonctions, le con-
mnant à résider loin du travail, il a dû laisser à
utres agents imposés par l'administration elle-
me, le soin de l'exécution, et que c'est à eux
'il faut s'adresser. L'ingénieur ordinaire s'écriera
'il a dû humilier sa raison devant l'autorité hié-
chique, et qu'il ne saurait répondre de résultats
i auraient sans doute été évités s'il fût demeuré

libre d'agir ainsi que ses connaissances lui paraissai le commander.

Non; il vaut mieux que l'ingénieur en chef la aux agents d'exécution toute leur responsabilité, séparable d'une certaine indépendance; il vaut mi qu'il cherche sa suprématie dans une supério scientifique incontestée, écrasante de responsabi pour celui qui la méconnaîtrait, plutôt que de puiser dans une hiérarchie simplement adminis tive; il vaut mieux qu'il demeure dans la rég élevée où ses fonctions le placent pour surveill et qu'il n'en descende que pour répandre au-dess de lui les trésors de la science. Mais pour cela, il f qu'il les possède, et pour les posséder, il faut qu'il trouve recueillis quelque part, car lui seul ne sau suffire à une si grande tâche. L'administration ce trale est seule en position de la remplir. Elle remplira dignement si, plus occupée de rendre oracles de la science que de les appliquer min tieusement à chaque localité, elle prend le parti laisser ce soin à chacune d'elles.

Application locale. Centraliser cette application a pu être une néc sité à une époque féodale où le pouvoir cen avait besoin de briser partout les petites souvera tés locales, qui étaient autant de tyrannies organis à la fois contre les individus et contre la société nérale; mais aujourd'hui ce serait un contre sens

Qui ne voit, en effet, que les convenances l cales ne peuvent bien s'apprécier que sur les lieu Un ingénieur peut n'être pas assez habile pour avancer la science; il doit toujours l'être assez p faire application de ce que la science appren L'homme de l'art le plus médiocre, situé sur lieux mêmes, agissant sous la surveillance des in rêts locaux, saura mieux satisfaire à leur exigen que l'ingénieur le plus habile qui, dans l'éloi ment, sera forcé de juger les questions sur rapports toujours incomplets, quelle que soit leur étendue.

Et puis, placez cet ingénieur au sein de la capitale, au milieu des monuments fastueux que son luxe enfantera, le résultat immédiat de cette centralisation sera d'imprimer une direction monumentale à tous les travaux du royaume. Cependant, ce qui convient à Paris est loin de convenir à un village des Pyrénées. Ici la simplicité est un besoin; là elle est presque ridicule.

Voilà le véritable vice de l'organisation française. C'est lui qui a valu aux ingénieurs le reproche quelquefois mérité de faire des projets trop chers. Et comment s'en étonner? Celui qui projette ne doit-il pas toujours se modéler sur les idées, sur les sensations habituelles de celui qui est chargé de juger le projet; et lorsque c'est Paris qui juge, c'est pour Paris qu'il faut composer.

On a cherché, dans ces dernières années, à corriger cette centralisation; mais la mesure nous paraît incomplète. Il faut que tout ce qui est application locale se traite sur les lieux; et si l'on craint d'abandonner à un seul homme la décision des questions locales importantes, ne peut-on pas, dans chaque département, réunir les hommes spéciaux en conseil local, chargé de juger les projets sous le rapport de l'art?

S'il restait encore quelque crainte sur la décision des plus hautes questions, ne pourrait-on pas en réserver la connaissance, mais seulement pour ces cas extraordinaires, au conseil général des ponts et chaussées? Par ce moyen, on n'aurait rien à redouter de l'incapacité, et l'on aurait détruit cette centralisation contre nature, qui fait juger à Paris non-seulement les détails d'un travail construit à Barèges; mais jusques à son opportunité.

Exécution. Surveillance.

Il nous reste à parler de l'exécution des travaux, de la surveillance des routes, de la poursuite des délits qui forment une partie très-importante des attributions des ingénieurs.

Il est, sur cette matière, un principe incontestable et fondamental : c'est que celui qui est chargé d'une fonction répressive quelconque doit être indépendant de ceux contre lesquels cette fonction doit s'exercer; mais ce point d'appui sur lequel cette indépendance doit reposer, où le trouverons-nous en France? Sera-ce dans le choix que les localités elles-mêmes feront des agents de répression? Pour répondre, il suffira de citer l'état déplorable de nos chemins communaux qu'il faut attribuer, non à la faiblesse des ressources que la loi y consacrait, car les communes étaient maîtresses d'y employer toutes celles des chemins vicinaux, mais bien plutôt à la faiblesse de l'exécution, de la surveillance, de la répression.

Quand il s'agira parmi nous de rechercher ce qu'exigent les intérêts d'une localité quelconque, appelons-la par ses conseils légaux. Ils doivent être composés à son image; les intérêts divers y seront en présence, s'y combattront, et le résultat de la délibération sera le plus souvent favorable à la majorité des intérêts. Mais, dans l'exécution, il n'en serait pas de même. Là, on se trouve en présence de chaque intérêt isolé; là, on n'a plus à côté de soi pour point d'appui les intérêts contraires qui ont prévalu dans le conseil, et chaque intérêt froissé reporte sur l'agent d'exécution ce qu'il ne devrait attribuer qu'à la délibération commune. Puis, si dans le conseil chaque individu se trouve avoir un retentissement immédiat soit par lui-même, soit par ses amis, il est évident que l'existence administrative de l'agent d'exécution sera constamment compromise, lorsqu'il la tiendra du conseil local. Il ne serait pas rare de le voir blamé par ceux-là même dont il n'aurait fait, en définitive qu'exécuter les idées.

Dans un pays où la démocratie n'est pas seulement dans les formes, mais au fond des choses, la délibération peut être laissée à chaque localité sur les sujets qui la touchent exclusivement ; mais l'exécution a besoin d'être centralisée ; et plus on sera partisan d'une société vraiment démocratique, moins on devra oublier cette vérité.

On ne manquera pas d'objecter qu'en Angleterre chaque localité choisit ses agents d'exécution ; mais, en disant chaque localité, on se trompe ; il faut dire chaque aristocratie locale. C'est bien elle, en effet, qui nomme, qui choisit l'inspecteur des routes, et qui lui donne son pouvoir pour l'exercer, moins contre elle-même que contre ses fermiers, tous complètement sous sa dépendance ; et il n'y a là rien que de très-conforme au principe que nous venons d'exposer. C'est que, dans un pays aristocratique, la souveraineté nationale se dissémine partout sur l'aristocratie locale ; tandis que, dans un pays où toutes les situations sociales sont dépendantes les unes des autres, où toutes les inégalités tendent constamment à se détruire, le pouvoir central dépositaire de la souveraineté nationale est seul en position de l'exercer avec l'indépendance indispensable au pouvoir exécutif ; lui seul est assez élevé au-dessus des passions ou des intérêts individuels pour n'être jamais entravé par eux, et donner partout aux agents d'exécution la liberté d'action que leurs fonctions exigent.

Conclusion.

Ainsi, ne nous laissons pas séduire par l'organisation anglaise. L'Angleterre n'est pas la France ; elle est, sur ce point, tout le contraire de la France. Améliorons notre propre organisation, décentralisons l'application locale ; que chaque localité, éclairée par les hommes de l'art qui sont auprès d'elle, décide ce qui peut convenir à ses intérêts particuliers ; et puisque la société possède, en dehors des corps spéciaux, des hommes d'une habileté reconnue qui peut être mise à profit, appelons-les toutes les fois que la question en vaudra la peine, à concourir avec les hommes spéciaux à la confection des projets. Cette concurrence extérieure animera le zèle des corps organisés, et les empêchera de tomber dans l'apathie. Rendons enfin notre direction générale plus théorique, moins administrative; mais n'allons pas détruire le lien scientifique qui fait des corps savants un instrument si précieux, et surtout cette puissance d'exécution, de répression et de surveillance que l'ingénieur anglais peut trouver partout dans le haut patronage de l'aristocratie locale, que l'ingénieur français ne trouverait nulle part s'il ne la puisait pas dans une administration centrale, seule indépendante des intrigues et des passions locales.

Agents-voyers et conducteurs des ponts et chaussées.

Mais ces corps spéciaux, s'écriera-t-on, pourront-ils suffire à tous les besoins de la voirie? Et s'ils ne suffisent pas, les voies nouvelles seront-elles condamnées à se passer d'hommes de l'art ou à les puiser aux mêmes sources? Ces questions méritent d'être examinées.

Nécessaires aux chemins communaux comme à tous les autres.

Et d'abord, les chemins vicinaux ou communaux ont le plus impérieux besoin, personne n'en doute, d'agents de répression et de surveillance, qui aillent puiser leur pouvoir loin de la localité. L'expérience s'est chargée de prouver surabondamment combien était compromise et par suite éphémère, l'autorité municipale appliquée à cet usage. Tout le monde comprend donc la nécessité de cet agent central; mais chacun ne sent peut-être pas aussi bien la nécessité d'en faire un homme de l'art. A quoi bon, s'écrieront quelques-uns, prendre un ingénieur avec tous ses embarras, pour jeter quelques pierres, en casser quelques autres, remuer quelques terres, curer quelques fossés?

Sans doute, s'il n'y avait que cela à faire : et encore tout le monde sait-il bien comment il convient de bien diriger les soins journaliers de simple entretien vers le but que la société se propose? Est-ce chose si simple que la détermination des procédés d'entretien les mieux appropriés à chaque localité, alors que sur les routes royales elles-mêmes ils sont l'objet de controverses nombreuses, fort éloignées encore d'une solution incontestée? Laissez faire les hommes étrangers à ces matières, ils mettront les uns de la terre sur les chaussées pour les adoucir, les autres de grosses pierres pour les consolider; d'autres croiront mieux faire en les couvrant de sable; enfin chacun, au gré du hasard, puisque ce ne sera pas d'après des notions coordonnées, fera sur les chemins toutes les expériences que son imagination lui suggérera, et, au lieu d'une viabilité uniforme, on n'obtiendra que des alternatives de toute nature, qui rendront la fréquentation des chemins fort pénible, et par conséquent onéreuse à la société.

Et puis, que deviendront les travaux d'art, les aquéducs, les ponts, les murs de soutènement; car il y aura des ruisseaux, des rivières, des remblais sur les chemins vicinaux ou communaux comme sur les routes royales et départementales? Ils deviendront ce que le ciel voudra; quand l'agent ne saura pas les faire, on s'en passera; quand il croira savoir, on en fera au risque de les voir tomber le lendemain. Alors on se dégoûtera, et les chemins vicinaux, au lieu de s'améliorer, retomberont dans le néant, dont nous voudrions les faire sortir.

Non, la voirie vicinale, pas plus que la grande voirie, ne peut se passer d'hommes de l'art. Il n'y a qu'un pas de la route départementale au chemin vicinal; ce qui est une impérieuse nécessité pour la première ne saurait être inutile à l'autre; ce qui est utile au chemin vicinal, ne peut être dedaigné pour le chemin communal. Dans les travaux publics, ne l'oublions jamais, il faut demander sans doute le *programme* à l'intéressé; mais le *projet* à l'homme de l'art le plus habile, *l'exécution* à l'homme de l'art le plus intègre.

Insuffisance du corps actuel des ponts et chaussées.

Quant à l'insuffisance du corps actuel des ponts et chaussées pour surveiller les 42,000 lieues de chemins vicinaux et les chemins communaux de toute espèce, en même temps que les routes royales et départementales, elle est également de toute évidence. Il faut donc créer de nouveaux agents, et ici se place la question de savoir si l'on ira les puiser aux mêmes sources.

Certes, si la chose était possible, la société ne s'en trouverait pas plus mal; mais l'impossibilité de le faire résout la question, et pour nous en convaincre, analysons les besoins des voies nouvelles.

Un voyer communal par canton.

Chaque canton a moyennement quatorze communes, traversées chacune par douze lieues environ de chemins communaux de toute espèce. Si l'on veut une surveillance effective, c'est autant qu'il en faut pour occuper tout le temps d'un agent-voyer; et encore chaque commune sera-t-elle à grand' peine visitée une fois par mois.

Le nombre des agents-voyers communaux, fût-il moindre dans l'origine à cause de l'insuffisance des premiers moments, devra dans la suite se compléter et atteindre le nombre de 2,700 environ. Chacun aurait alors 170 lieues de chemin à surveiller.

350 Voyers vicinaux.

Les agents-voyers vicinaux auront à s'occuper de 42,000 lieues; et, en donnant à chacun 120 lieues, son temps sera complètement employé. Le nombre s'en élevera alors à 350.

On conçoit que s'il fallait demander aux ponts et chaussées ces 3,000 nouveaux agents, l'école polytechnique serait dans l'impossibilité d'y suffire. Il est donc bien clair qu'il faut les puiser ailleurs.

Moyens de créer les agents spéciaux.

Mais les trouverons-nous quelque part? Et s'ils n'existent pas actuellement, l'enseignement est-il organisé de manière à les promettre à l'avenir?

Il suffit de jeter les yeux autour de soi pour apercevoir sous ces deux rapports l'insuffisance actuelle.

En dehors des conducteurs et de quelques autres agents secondaires des ponts et chaussées, quelles sont les personnes occupées de ces matières, ou qui ont acquis les connaissances qui leur sont propres?

En dehors de la capitale, de quelques cités du premier ordre ou de quelques écoles d'art et métiers, où trouve-t-on actuellement à s'instruire de l'art des constructions, si ce n'est dans les bureaux des ingénieurs des ponts et chaussées?

De quelque côté que la question soit envisagée, il est donc impossible d'opérer la transition de l'état présent à l'état nouveau sans emprunter le secours, sinon des ingénieurs eux-mêmes, tout au moins des agents secondaires de cette administration.

Cette question soulèvera, nous le savons, des susceptibilités, disons plus, des répugnances. Il est des gens qui tremblent à la seule idée de voir intervenir les ponts et chaussées dans la voirie vicinale. Ce n'est là qu'un préjugé qu'il suffit d'analyser pour le réduire à sa juste valeur.

Que reproche-t-on au corps des ponts et chaussées? deux choses principales: le luxe de ses constructions, son indépendance.

Nous avons déjà dit nous-mêmes ce qu'il y avait de fondé dans le premier reproche, et nous croyons avoir indiqué un moyen simple et efficace pour empêcher à l'avenir toute tendance monumentale, sans compromettre la solide exécution des travaux.

Quant au second reproche, en examinant de près, nous trouvons peut-être, dans les motifs qui le font naître, plutôt un sujet d'éloges que de récriminations.

Il ne faut pas être surpris que celui qui ayant quelque jour demandé complaisance aux ingénieurs, soit mécontent de n'en avoir jamais obtenu que justice. Nous concevons sans peine ces plaintes individuelles ; c'est un des travers de l'humanité de n'aimer l'impartialité que lorsqu'elle s'appesantit sur autrui ; mais que des préfets appuient ce reproche et se plaignent aussi de trouver les ingénieurs inflexibles dans leurs opinions, c'est ce que nous avons peine à concevoir. Comme s'il leur était possible de façonner les principes de l'art au gré des passions et des intérêts individuels ? Comme si les préceptes d'une science positive pouvaient se plier aux souplesses de la science politique ou administrative ? Les ingénieurs des ponts et chaussées, s'écrient certains préfets, ne se montrent à nous que comme des oracles dont il faut accepter les mystères sans les pénétrer. Cela est vrai souvent ; mais c'est le sort inévitable de tout homme appelé à décider de matières difficiles qui lui sont étrangères.

Nous devons toutefois reconnaître ici que la marche des affaires pourrait être plus instructive pour le préfet. L'avis des ingénieurs ne se montre que résumé par la bouche des ingénieurs en chef ; nulle divergence d'opinions n'arrive jusqu'à lui ; toutes s'arrangent en famille. Peut-être serait-il mieux de le faire assister aux débats. Il se trouverait alors dans la position d'un juge appelé à se décider entre des opinions diverses sur des matières qui lui seraient à la vérité étrangères, mais qui, débattues devant lui, pourraient devenir plus pénétrables à son jugement.

Il y a dans ces réflexions quelque chose de fondé, et peut-être la bonne administration gagnerait-elle à placer plus souvent le préfet entre l'ingénieur ordinaire et l'ingénieur en chef. L'un serait le bras technique, l'autre, l'œil scientifique de l'autorité exécutive. Leur réunion rendrait cette autorité moins aveugle, par conséquent plus libre et plus assurée dans sa marche.

Quoiqu'il en soit de ces divers reproches adressés à

l'administration des ponts et chaussées, dès que l'on propose à ces esprits inquiets de la supprimer, il n'en est pas un qui ne recule devant cette idée. Cette suppression serait cependant la conséquence de leurs plaintes et de cette antipathie prétendue des habitudes de cette administration avec les besoins des chemins vicinaux; car ce qui est mauvais pour ceux-ci ne saurait être bon pour des routes départementales qui, dans le mécanisme social, nous l'avons prouvé plus haut, appartiennent précisément à la même catégorie.

Il est d'ailleurs un fait plus puissant que toutes ces répugances bien ou mal fondées : c'est que si l'on veut des chemins vicinaux et communaux, il faut des hommes de l'art pour les surveiller; et tant qu'on n'en aura pas créé ailleurs, il est certain qu'on n'en trouvera que parmi les agents secondaires des ponts et chaussées. Qu'on se rassure du reste sur cette nécessité. Les traditions de probité et de sévère justice qu'ils emporteront avec eux ne seront pas pour la voirie vicinale un présent à dédaigner.

Souhaitons lui qu'elle sache le conserver, et quant au savoir que ces agents possèdent, instruits, dans les bureaux des ingénieurs ou dans les écoles des arts et métiers, des connaissances les plus usuelles, ils pourront probablement suffire aux premiers besoins. L'avenir se chargera de les améliorer et de de leur créer partout des rivaux et des remplaçants.

Mais, pour cela, il faut que l'enseignement soit organisé; il faut que partout, sans un déplacement dispendieux, on trouve à acquérir les connaissances nécessaires, et à faire *l'apprentissage* de leur application; sans cela comment suffire à la création de trois mille agents-voyers vicinaux ou communaux.

Enseignement et formation des agents-voyers.

Pour y parvenir, il est un moyen tout simple, tout économique; c'est de charger l'ingénieur en chef de l'enseignement théorique, et de confier l'apprentissage pratique aux ingénieurs ordinaires et aux agents-voyers vicinaux.

L'ingénieur en chef, dans chaque chef-lieu, ou même un ingénieur ordinaire dans quelques autres villes importantes, professerait un cours gratuit et public de constructions. Tout aspirant-voyer devrait l'avoir suivi assidûment, et se trouver muni d'un diplôme constatant cette assiduité ainsi que son aptitude.

Chaque ingénieur, ou agent-voyer vicinal, serait tenu de prendre à sa solde et sous sa responsabilité, parmi les aspirants voyers, un conducteur de travaux chargé de les représenter partout où il lui en donnerait mission.

C'est parmi ces conducteurs, ainsi instruits à la fois aux meilleures sources de la théorie et de la pratique, que l'on puiserait, par un concours sagement organisé, tous les voyers communaux, puis, parmi ceux-ci, les voyers vicinaux.

Enfin, pour donner la vie à cette organisation des agents-voyers, il y aurait un complément indispensable ; c'est que l'émulation, ce stimulant des grandes choses, ne fût pas refusée aux voyers vicinaux. Il faut qu'ils ne puissent pas dire, au commencement de leur carrière : *je n'irai pas plus loin ;* il faut qu'ils ne rencontrent nulle part, sur leurs pas, une barrière infranchissable. Il ne doit plus, il ne peut plus y en avoir de telles dans la société Française.

Sans doute, le dépôt si précieux de la science, pour être conservé, pour être accru, exige que la plus grande partie des ingénieurs aille puiser à l'école polytechnique cette instruction forte, vivifiante, générale, qu'il est si difficile de trouver ailleurs. A Dieu ne plaise que nous contestions à cette institution, à cette gloire de la France, son immense utilité, son indispensabilité ; mais il est aussi trop vrai qu'elle n'est pas ouverte à tout le monde. Il ne faut pas seulement l'intelligence, il faut aussi des ressources d'une nature toute différente pour pouvoir atteindre à ses bienfaits. Et si, quelque part, il existe un esprit supérieur qui, dépouillé des avantages de la fortune, privé de toutes les facilités qu'il eût rencontré rassemblées à l'école polytechnique, aura cependant su trouver assez de ressources dans son intelligence pour vaincre tous ces obstacles, et conquérir, sans ce puissant secours, les mêmes connaissances, le même savoir, pourquoi la société se priverait-elle de ses services? Pourquoi lui refuserait-elle une position qu'il serait si digne d'occuper?

Mais la justice, s'écrieront quelques uns, la justice, d'accord avec l'intérêt bien entendu de l'institution, ne veut-elle pas que, du moment où des sacrifices notables sont nécessaires pour arriver à l'école politechnique, les avantages que l'on y trouve ne puissent pas être obtenus par une autre voie?

Singulière équité que celle qui consiste à dire à celui qui s'est donné la peine de naître riche qu'il est juste que la société fasse tous ses efforts pour accroître son bien-être, et *s'opposer* aux progrès de celui qui n'a su naître que pauvre? Non, la jusne sera pas blessée; non, l'école polytechnique ne sera pas délaissée, parce qu'après vingt années d'un service pénible et d'études conquises à la sueur de son front, l'agent-voyer vicinal, à l'âge de quarante ans peut-être, parviendra enfin au grade d'ingénieur des ponts et chaussées, tandis que l'élève de l'école polytechnique l'aura obtenu vingt ans plutôt. Et n'avons-nous pas déjà l'expérience de cette vérité? Le génie militaire, l'artillerie, reçoivent un tiers de leurs membres de l'avancement ordinaire. S'est-on aperçu pour cela que l'école polytechnique ait manqué d'élèves pour le génie militaire, pour l'artillerie.

Il est temps que les ponts et chaussées imitent

leur exemple. Qu'on n'aille pas, à la légère, introduire, dans le corps des ingénieurs, des hommes à connaissances douteuses, à moralité incertaine, nous le concevons, nous le désirons. Toutes les précautions que l'on prendra pour éviter ce résultat, auront notre approbation; mais que du moins l'ilotisme absolu des agents secondaires des ponts et chaussées disparaisse à la fin pour faire place à une ère nouvelle d'espérance et d'émulation. L'école polytechnique et le corps des ingénieurs ne peuvent rien y perdre. La société peut beaucoup y gagner.

Ingénieur en chef surveillant toute la voirie.

On conçoit que toute cette organisation des agents-voyers a besoin d'être résumée, dirigée par un homme. Aussi a-t-on proposé de créer un ingénieur en chef vicinal. Mais pourquoi cette dépense nouvelle? Qui donc est mieux placé pour cela que l'ingénieur en chef des ponts et chaussées; et il pourra facilement y suffire si l'on borne ses fonctions à ce qu'elles ont de vraiment utile : *à la surveillance et à l'enseignement*. Qu'on se dépouille surtout de toutes préventions sur les vices de l'organisation actuelle. Ils auraient tous disparu. Il resterait seulement ce qu'elle a d'avantageux.

Selon nos idées, l'ingénieur en chef, dans ses rapports avec les agents-voyers, serait, non un chef administratif pouvant prendre l'initiative de tout, mais un véritable inspecteur départemental, chargé d'apporter, en tout lieu, son savoir, ses conseils, et de veiller à ce que les prescriptions réglementaires, imposées par l'administration centrale, fussent partout exactement observées.

Dans ses rapports avec le préfet, il serait l'œil scientifique de l'autorité exécutive; il devrait l'éclairer sur les propositions des ingénieurs et des voyers, ainsi que sur leur gestion respective.

Dans ses rapports avec l'administration centrale, il serait, entre elle et les ingénieurs ou voyers du département, l'intermédiaire par lequel arriveraient à ces derniers les enseignements scientifiques et les prescriptions réglémentaires. Il serait en même temps l'homme de l'art chargé de recueillir et de vérifier sur les lieux, pour le compte de la science générale, tous les faits qui peuvent l'intéresser, toutes les expériences qui peuvent l'éclairer.

Dans ses rapports avec le conseil d'art local, il en serait le président; sa suprématie scientifique, entretenue, augmentée, chaque jour, par la nature de ses fonctions, par l'enseignement qui lui serait confié, par ses relations avec l'administration centrale, par la connaissance qu'il pourrait prendre, à chaque instant, de tous les travaux; sa position désintéressée au milieu des concours et des luttes techniques qui s'agiteraient autour de lui; tout, en un mot, tendrait à lui assurer la direction non despotique, mais consentie, de ce conseil : il en deviendrait l'ame.

Dans ses rapports avec la société, il serait l'homme de l'art par excellence; celui en qui viendrait se résumer la science, et qui serait chargé de la répandre autour de lui. Ce serait un de ces hommes dont l'utilité est la moins contestable, la moins contestée.

Les ingénieurs et agents-voyers seraient les agents d'exécution sous les ordres du préfet.

Auprès de l'ingénieur en chef qui éclaire se trouverait le préfet qui commande. Au-dessous seraient les ingénieurs et les voyers qui surveilleraient, avertiraient, exécuteraient, chacun séparément, chacun sous sa responsabilité propre, entière, sans partage, le conducteur n'étant que l'homme de son choix, dont il répondrait comme de lui-même.

Les ingénieurs, puisés en très-grande partie à l'école polytechnique, ou élevés par un mérite transcendant et incontestable, du grade de voyer vicinal, possèderaient cette haute instruction qui agrandit l'intelligence, et seraient liés par cette confraternité scientifique qui facilite tous les rouages, tous les enseignements, tous les progrès.

Les voyers, beaucoup plus nombreux, dans une position facilement accessible à toutes les fortunes, puiseraient à l'école des ingénieurs, sinon toutes les connaissances qu'ils possèdent eux-mêmes, du moins celles qui suffiraient à leurs fonctions. Ils emporteraient, en outre de cet apprentissage, toutes les bonnes traditions de pratique et de probité qui distinguent les ingénieurs des ponts et chaussées.

Nous nous abuserions étrangement si cette organisation des agents d'exécution n'était pas la plus appropriée aux besoins de la France, et destinée à donner, dans l'avenir, à ses voies publiques toute l'impulsion d'activité et de perfectionnement dont elles sont susceptibles.

Transition.

Quant à la transition de l'état présent à l'état futur, elle pourrait avoir lieu sans peine, sans secousse, au moyen des agents secondaires actuels des ponts et chaussées dont on ferait des agents voyers. Les ingénieurs auraient à leur créer immédiatement autour d'eux des remplaçants. Cette tâche exigerait sans doute, de notables efforts, mais réclamés comme une nécessité du moment, elle ne serait au-dessus ni de leur patriotisme, ni de leur zèle, ni de leur savoir. Nous ne connaissons pas d'autre moyen de doter la voirie vicinale d'agents d'exécution vraiment expérimentés; et si, dès ses premiers pas, elle se trouvait privée de ce puissant secours, son avenir pourrait en être compromis.

CHAPITRE V.

POLICE ET JURIDICTION.

Quatre pouvoirs sociaux.

Si la loi pouvait tout prévoir, tout régler d'avance, si elle était toujours claire, précise dans ses termes, sa volonté ne serait pas contestable, et alors un pouvoir, armé de la force sociale pour s'en servir seulement à la faire exécuter, suffirait à l'ordre social; mais, entre la force exécutive et les intérêts individuels, viendraient sans cesse s'interposer l'insuffisance et l'obscurité législatives, si l'on ne plaçait quelque part le pouvoir de *suppléer* et celui *d'interpréter*. L'ordre social, outre le pouvoir législatif, organe de la société entière, et le pouvoir exécutif, dépositaire de la force sociale, réclame donc, pour être maintenu, un pouvoir *supplétif* ou *délégué*, et un pouvoir *interprétatif* ou *judiciaire*.

Il ne peut entrer dans notre pensée de développer ici une thèse de jurisprudence sur la connexité plus ou moins grande de ces divers pouvoirs, mais nous pouvons dire, sans sortir de notre sujet, que si les mêmes agents se trouvaient chargés de les exercer, les passions et les intérêts individuels prendraient bientôt la place de l'intérêt social. Les séparer est donc une nécessité d'autant plus impérieuse que la société est plus démocratique. C'est dire que nul pays plus que le nôtre ne réclame cette séparation.

Cela posé, examinons quels rapports doivent exister entre ces quatre pouvoirs sociaux et notre voirie publique.

Rapports du pouvoir législatif et du pouvoir supplétif avec la voirie.

Et d'abord, que ferons-nous régler par la loi?

La loi, pour être obéie, a besoin de pénétrer dans les habitudes sociales, et par conséquent d'être durable. Il faut donc qu'elle se garde de fixer ce qui est variable de sa nature, sans cela elle ne durerait qu'un jour, et les populations n'auraient le temps ni de l'appliquer ni même de l'apprendre.

Ainsi, loin d'elle la prétention de suivre les chemins publics dans toutes les directions et dimensions diverses que peut leur donner la sociabilité; mais elle pourra imprimer à leur publicité un caractère national en la déclarant générale; ce principe pourra être de tous les temps comme de tous les lieux.

Loin d'elle la prétention d'assigner à chaque chemin son importance et son caractère, variables comme la sociabilité elle-même; mais elle pourra dire à qui, dans chaque lieu, elle délègue le pouvoir de tenir la voirie constamment en harmonie avec les progrès sociaux.

Classement.

Loin d'elle la prétention de déterminer l'étendue des sacrifices que chaque lieu devra consacrer à la viabilité des chemins : il n'est pas de sujet plus variable, plus insaisissable dans ses variétés; mais elle pourra dire à quelle autorité locale elle confie le soin de le faire chaque année, chaque fois; et afin d'éviter l'abus possible de ce pouvoir important, elle lui tracera une limite, assez large pour comprendre les diversités de temps et de lieux, assez étroite pour ne devenir jamais intolérable.

Voies et moyens.

Loin d'elle la prétention de suivre dans ses immenses détails l'emploi de ces ressources; mais elle pourra désigner les intérêts qui, dans chaque lieu, pour chaque chemin, se trouveront toujours assez identifiés avec l'intérêt social pour répondre et veiller comme il le ferait lui-même.

Loin d'elle enfin la prétention de régler à l'avance cette foule de précautions nécessaires pour assurer l'ordre dans la voirie au milieu des évènements imprévus et du croisement de tous les intérêts individuels; mais elle pourra dire quel pouvoir, dans chaque lieu, sera chargé de la police des voies publiques.

Ainsi, le pouvoir supplétif devra se montrer dans le classement, dans les voies et moyens, dans l'emploi des ressources, dans la police.

En traitant les trois premiers sujets dans le chapitre précédent, nous avons toujours vu apparaître deux autorités distinctes : tantôt c'est le conseil municipal d'un côté, le maire et le préfet d'un autre : tantôt c'est le conseil général et le préfet ou le ministre. Partout le pouvoir supplétif s'est fait à l'image du pouvoir législatif lui-même dont il est une émanation immédiate. Partout nous trouvons l'autorité consultative ou délibérante à côté de l'autorité exécutive, et c'est de l'accord de ces deux pouvoirs distincts que nous tirons, dans chaque localité, comme dans le gouvernement général, l'ordre sans despotisme, la liberté sans anarchie.

Mais, dans la police de la voirie, peut-il en être de même? l'autorité délibérante doit-elle ici se montrer avec son indépendance, son *veto* absolu ? Pas plus que dans la police générale de l'état.

Quand il s'agit de modifier une loi, de changer un chemin de classe, que cette indépendance existe, nous n'y voyons aucun danger pour la société ; car, s'il y a désaccord, on pourra continuer à vivre comme par le passé; tandis que, dans les questions de police, une décision sera souvent nécessaire sous peine de périr. Une des deux autorités devra donc céder à l'autre. D'un autre côté, la promptitude exigée par un certain nombre de cas imprévus et urgents ne trouvera que l'autorité exécutive toute prête à y pourvoir; c'est donc à elle que la suprématie devra appartenir. L'autorité délibérante ne pourra être ici que simplement consultative, et encore ses avis ne devront pas être toujours indispensables.

Quelle autorité fera les règlements de police.

Reste à déterminer à quelle autorité exécutive, dans la hiérarchie administrative, sera déféré le soin de faire pour la voirie les règlements de police. Sera-ce au ministre? Sera-ce aux préfets? Sera-ce aux maires?

Ce devrait être au ministre seul, s'il était possible de faire, pour tout le pays, un règlement unique s'appliquant à toutes les localités. Mais qui ne voit l'impossibilité de ce travail? Qui ne voit que chaque département, peut-être chaque commune a ses nécessités propres, et que les prescriptions réglementaires doivent être non-seulement diverses, mais souvent même contraires? Qui ne voit enfin qu'un seul homme, pour toute la France, est hors d'état de pourvoir à cette foule de cas imprévus, assez pressants pour exiger une prompte décision.

Il faut évidemment, ici, laisser à l'autorité locale une liberté d'action suffisante, et l'autorité centrale ne peut prétendre qu'à imposer les règles générales nécessaires pour maintenir, autant que possible, dans cette importante attribution de la puissance exécutive, l'unité gouvernementale si précieuse pour un pays.

Il nous paraît que les nécessités de la question seront chez nous satisfaites si on laisse à chaque préfet le soin de prendre l'initiative des dispositions réglementaires utiles à son département, en ne les rendant toutefois obligatoires que lorsqu'elles seront approuvées par le ministre, après avoir été communiquées au conseil général.

Quant aux cas d'urgence, pourvu qu'elle soit constatée par une autorité indépendante de l'administration, et personne ne nous paraît mieux placé pour cela que le juge de paix du canton, il est évident que l'agent exécutif le plus voisin, devra pouvoir prendre à l'instant toutes les mesures exigées impérieusement par les circonstances.

Pouvoir interprétatif ou judiciaire.

Passons au pouvoir interprétatif ou judiciaire, examinons ses rapports avec la voirie.

L'exécution des lois peut avoir à considérer des

, des délits, des contraventions, des dom-
Nous sortirions évidemment de notre sujet
limites de cet écrit, si nous voulions discuter
deux premières natures de faits. Nous nous
terons de renvoyer pour eux à notre législa-
énale, et nous nous occuperons seulement des
ventions et des dommages.

contraventions on entend les faits qui peu-
onner lieu, soit à une amende de 15 francs
dessous, soit à un emprisonnement de cinq
t au-dessous, et nos lois actuelles rangent
tte catégorie les anticipations, empiètements,
ations, en un mot, toutes les entreprises sur
mins publics contraires aux règlements de
de la voirie.

Dommages.

dommages sont des atteintes simples portées
t de propriété, passibles seulement de resti-
ou indemnités, mais sans amende ou autre
on pénale.

Droit absolu de propriété.

roit de propriété, qui doit être inviolable dans
ociété organisée pour durer, a besoin d'être
mpris si l'on veut échapper à l'exagération de
ncipe.

Droit subordonné.

ote absolu dans ses rapports avec l'intérêt pri-
levient subordonné en présence de l'intérêt pu-
insi, qu'un individu se présente pour acqué-
propriété d'autrui ; fût-ce même au centuple
aleur, si le propriétaire refuse d'y consentir,
té même aveugle, même nuisible, reste in-
; mais si c'est l'intérêt public qui réclame,
tisme individuel s'évanouit, et l'expropriation
sans égard pour le caprice du maître, moyen-
valeur naturelle de la propriété.

pourrions multiplier les citations ; nous ver-
ujours que le droit change aussitôt que l'in-
ıblic intervient.

Deux ordres de contestations.

De là, deux ordres de contestation

Dans l'un, c'est le droit absolu qui intérêts privés sont seuls en cause ; d le droit subordonné qui se plie aux e térêt public.

Tribunaux civils. Tribunaux administratifs.

De là aussi des tribunaux civils administratifs.

On conçoit sans peine la nécessité tion. Qu'on prenne en effet des hom nourrir du principe absolu, à le voi mander, à lui prêter toujours main-mette en présence d'un droit différe à un autre droit dont ils n'ont pas surer l'utilité et l'importance, et qu'o mes pourront se séparer assez compl habitudes journalières pour ne plus teur dans le despote de la veille. No pas. Et méconnaître pour ce cas l'i diction exceptionnelle, c'est, selo illusion sur les faiblesses de l'humar

Une expérience assez prolongée l' complètement. L'abus du droit abs priation pour cause d'utilité publi si grand entre les mains des tribunau la législation a trouvé plus de dou la défense de ce droit aux propriét Ceux-ci du moins, quelques préven les assaillir pour leurs intérêts imm dépouiller vis-à-vis des autres, et des exigences de l'intérêt général civils qui appliquent, qui profess pour tout le monde, le despotisme

La législation nouvelle, sur l'e cause d'utilité publique, est une a qui a déjà porté des fruits et en pro une plus abondante récolte ; mais c breuses, sagement conservatrices q térêts majeurs, sont plus nuisibles qu'utiles dans les questions peu importantes; et la commission de la chambre, en acceptant l'article 21 qui les abrège et les simplifie lorsque l'indemnité ne dépasse pas 3000 f., nous paraît avoir très-sagement apprécié les nécessités de nos chemins publics, et porté dans cette législation une amélioration nouvelle et très-importante.

Nous ne prétendons pas toutefois préconiser l'excellence de nos juridictions exceptionnelles, et surtout la dépendance absolue où le pouvoir exécutif tient les tribunaux administratifs; nous disons seulement qu'elles sont indispensables toutes les fois que l'intérêt public est en cause, si l'on ne veut pas le voir sacrifié à l'intérêt privé.

La publicité des chemins doit être déférée à la juridiction exceptionnelle.

Cependant la législation actuelle a laissé à décider aux tribunaux ordinaires la publicité elle-même des chemins. C'est une jurisprudence que nous ne pouvons comprendre. Quoi! l'on crée des tribunaux spéciaux pour connaître des actes administratifs et s'élever aux hautes considérations de l'intérêt public, et l'on ne trouve pas que la publicité des chemins, cette publicité générale sans laquelle il n'y a pas de nationalité, soit digne de les occuper? Mais on oublie donc quelle nature d'actes on aura à apprécier.

Rendons nos idées sensibles par un exemple:

Un chemin vicinal se trouve, sur un point, plus étroit qu'il n'est ailleurs et qu'il ne devrait être; on demande au riverain de restituer ce qui manque. Il répond qu'il jouit depuis plus de trente années. On lui objecte que le chemin étant public était imprescriptible. Il prétend que sa prescription a été acquise lorsque le chemin n'était pas public. Il faut donc examiner à quelle époque remonte cette publicité; et comme celle-ci n'a pu s'établir que par des actes administratifs, l'on est évidemment conduit à apprécier ces actes pour en déterminer le caractère. Il y a plus, le chemin a une certaine utilité: il satisfait à un besoin public ; lorsque ce besoin se fit sentir assez impérieusement pour déterminer l'autorité publique à le prendre sous sa sauvegarde quelle était son étendue, quelle largeur fallut-il donner au chemin pour le satisfaire ? Est-il, nous le demandons, une contestation où l'intérêt public, où l'intérêt administratif soit plus en cause et donne naissance à des aperçus d'une appréciation plus générale, plus difficile ? Cependant la jurisprudence actuelle n'a vu là qu'une simple question de propriété absolue ; puisqu'elle en a déféré la solution aux tribunaux ordinaires.

On dira peut-être qu'au pis aller cette question sera ramenée à une expropriation pour cause d'utilité publique, et qu'alors la viabilité pourra toujours, par ce moyen, être facilement garantie. Singulière facilité que celle qui consisterait à acquérir de nouveau tous les terrains antérieurement usurpés sur les chemins publics ! Ceux qui la font valoir pour soutenir le système de la législation actuelle, perdent sans doute de vue que dans le cahos où les législations précédentes ont jeté nos chemins publics, il n'en est pas un peut-être qui n'ait subi de notables envahissements et qui ne se trouve à chaque pas exposé à soulever cette question de limites et de publicité antérieures. Si, par un ménagement mal-entendu, on se laissait aller à des formes judiciaires entraînant la nécessité de payer de nouveau toutes ces largeurs usurpées, les ressources sociales n'y suffiraient pas : il faudrait renoncer à la restauration des chemins. Alors, en voulant trop ménager le droit absolu de propriété, on arriverait à sacrifier la propriété elle-même.

Questions de propriété privée déférées aux tribunaux ordinaires.

Loin de nous la pensée de soustraire aux tribunaux ordinaires les questions de propriété privée ; mais il faut qu'elles aient ce caractère. Pour mieux nous expliquer, citons encore un exemple : un chemin public a pour riverain un propriétaire qui tient sa propriété de la commune elle-même. C'est elle qui l'a vendue, et l'étendue stipulée par les actes embrasse une partie que revendique, de son côté, le chemin public. Celui-ci se trouve-t-il valablement dépossédé de la partie qu'il réclame? Évidemment non, si le pouvoir social n'est pas intervenu, au moment de la vente, pour lui faire perdre ce caractère de publicité générale qui dut le saisir à l'instant où il devint public; et les tribunaux ordinaires ne sont pas compétens pour apprécier les actes qui établissent cette intervention. Le chemin ne peut donc être mis en cause devant eux.

Mais, entre le propriétaire et la commune, il existe une question à laquelle le chemin public se trouve indifférent : c'est de savoir d'abord si la commune a réellement entendu vendre; si le propriétaire a entendu acheter cette partie de terrain revendiquée par le chemin; en second lieu, et dans le cas de l'affirmative, quelle indemnité est due par la première pour avoir, sans droits suffisants, aliéné cette propriété. Ici, les tribunaux ordinaires ne rencontrent devant eux que des intérêts individuels : ils sont donc compétents pour décider. Mais si la publicité même du chemin venait à être mise en cause, ou bien si, cette publicité admise, les limites étaient contestées, le tribunal ordinaire, pour la solution de ces questions, devrait renvoyer les parties devant la juridiction spéciale.

Par cette jurisprudence, sans enlever au droit absolu de propriété la sauve-garde des tribunaux ordinaires, on ne sacrifierait pas l'intérêt public à l'égoïsme individuel. Cet égoïsme serait mortel pour nos chemins vicinaux, si la législation ne venait le renfermer dans de sages limites, et surtout lui fermer les voies de la chicane, dans lesquelles l'intérêt public ne saurait s'engager, sans se créer des obstacles, peut-être insurmontables, et, dans tous les cas, sans le plus grand désavantage.

Occupons-nous maintenant des contraventions. Contraventions.

Tribunaux de simple police.

Sur les chemins vicinaux, la législation actuelle les défère aux tribunaux de simple police, c'est-à-dire aux juges-de-paix pour les chefs-lieux de cantons, et pour les autres communes au maire, jugeant comme tribunal de police, l'adjoint exerçant le ministère public, et avec l'assistance d'un greffier assermenté à cet effet, sur la proposition du maire, devant le tribunal de police correctionnelle. Cette juridiction, essentiellement locale, convient évidemment à une foule de contraventions fugitives qui durent à peine le temps de les commettre, et dont la trace disparaît souvent pendant la constatation. Il a toutefois le très-grand inconvénient de confier la répression des délits à une autorité dépendante de ceux contre qui elle doit s'exercer le plus souvent, et l'état de nos chemins vicinaux atteste suffisamment son impuissance. Dira-t-on que l'appel est ouvert devant le tribunal correctionnel aussi bien pour le ministère public que pour le prévenu? L'objection reste encore tout entière; car c'est l'adjoint qui exerce ce ministère, et il n'est certes pas plus indépendant que le maire. Le législateur, lorsqu'il a confié à cette espèce de tribunal communal la répression des contraventions commises sur les chemins vicinaux, a sans doute considéré qu'ils n'étaient, pour ainsi-dire, que des chemins de famille. Mais, en cela, il nous paraît avoir perdu de vue la publicité générale de ces chemins, principe qui est la base de toute nationalité, et qui ne permet pas au pouvoir social de demeurer indifférent et désarmé en présence de la dégradation de ces voies publiques. Elles sont mises, à la vérité, à la charge exclusive de la commune; mais les étrangers n'ont-ils pas le droit de les parcourir aussi bien que ses propres habitants?

On dira peut-être que la loi du 28 septembre 1791 a pourvu à ce droit en établissant que « tout voya-» geur qui déclora un champ pour s'y faire un pas-

» sage dans sa route, paiera le dommage fait au
» propriétaire, et de plus une amende de la valeur
» de trois journées de travail, à moins que le juge-
» de-paix du canton ne décide que le chemin public
» était impraticable; et alors les dommages et les frais
» de reclôture seront à la charge de la communauté. »

Mais cette disposition est loin d'être suffisante. Dans combien de cas n'est-il pas matériellement impossible de passer sur les propriétés riveraines pour éviter un chemin impraticable? Et puis, pense-t-on que ce soit une bonne viabilité que celle qu'on trouve à travers champs, et que le voyageur obligé d'y recourir soit suffisamment dédommagé de sa peine lorsqu'on se borne à le dispenser de payer le dommage qu'il aura causé?

Il est évident qu'il y a là un vice grave. La commune ne doit pas pouvoir ainsi échapper à la surveillance de l'intérêt social; et il eût fallu donner à une autorité moins locale, le droit d'appeler elle-même d'un jugement de simple police.

Conseils de préfecture.

Le législateur a eu plus de souci des routes royales et départementales. Les contraventions sur ces voies publiques ont été soustraites non seulement aux tribunaux de simple police, mais encore aux tribunaux correctionnels, pour être déférées à *priori* au conseil de préfecture. Par-là, on a échappé à l'indulgence, disons plus, à la faiblesse des autorités municipales; mais on est tombé dans un inconvénient d'une autre nature: on a placé trop loin du délit le premier juge, celui qui a souvent besoin de le voir, pour le bien apprécier.

Il n'y aurait eu selon nous aucun danger à confier ce premier examen au tribunal de simple police, en réservant à toute partie mécontente de ce premier degré de juridiction, et, surtout au préfet, le droit d'en appeler au conseil de préfecture. On eût par là allégé celui-ci d'un grand nombre d'affaires, et les routes en définitive n'eussent couru aucun danger. Nous y trouverions même le précieux avantage de n'avoir plus à distinguer deux espèces de voirie. Au lieu de trop centraliser l'une, de trop localiser l'autre, en attribuant exclusivement la première aux tribunaux de simple police, la dernière au conseil de préfecture, le mélange de ces deux autorités fournirait le moyen de faire disparaître leurs vices réciproques, et de simplifier beaucoup la législation, qui n'aurait plus alors à considérer qu'une seule voirie publique. C'est sur cette base qu'une législation nouvelle nous paraît devoir être établie.

Pouvoir exécutif.

Passons au pouvoir exécutif.

Nous l'avons vu successivement apparaître par tout. Il est une branche importante du pouvoir législatif. Il participe au pouvoir supplétif ou délégué, dans le classement par le ministre, le préfet et les maires, concurremment avec le conseil général et les conseils municipaux; dans la détermination et la répartition des ressources, par le préfet, pour suppléer aux prescriptions du conseil général, des conseils municipaux, et des commissions spéciales, toutes les fois que l'état des chemins l'exige; dans l'exécution des travaux par les préfets et les hommes de l'art; dans la police, par le préfet qui arrête tous les règlements.

Il intervient beaucoup moins dans le pouvoir judiciaire. Il n'apparaît comme juge que dans les conseils de préfecture en la personne du préfet, et au tribunal de simple police par le maire; mais c'est lui qui fait exécuter partout les décisions de la justice. Le pouvoir exécutif, en un mot, doit demeurer, comme par le passé, l'âme de la voirie publique; mais il faut qu'il soit plus central pour les chemins vicinaux et communaux, plus local au contraire pour les autres. Par là, il remplira complètement son importante mission.

Terminons ce chapitre par quelques mots sur les juridictions de l'Angleterre.

Police et juridiction en Angleterre.

Nous avons vu que, dans ce pays, à l'exception du pouvoir législatif, tous les autres se trouvent exercés par les juges-de-paix. Ainsi, pouvoir supplétif, pouvoir interprétatif ou judiciaire, pouvoir exécutif, tout est dans leurs mains; cette accumulation n'est évidemment possible que dans un pays où l'élément aristocratique est assez fortement constitué, et assez intelligent pour savoir se servir de sa puissance sans en abuser. Mais transportez-la dans un pays où les dépositaires de cet immense pouvoir ne pourront pas l'appuyer d'une suprématie personnelle incontestée; ou bien donnez-leur en même temps une fortune à se créer, et vous verrez quel funeste usage la force des choses et la faiblesse des hommes feront de cette confusion de pouvoirs? C'est dire assez que nous sommes loin de la conseiller à notre pays.

CHAPITRE VI.

CONCLUSION.

Si nous rapprochons tout ce que nous avons dit dans les chapitres précédents, nous voyons quelle immensité sépare la France de l'Angleterre. Classement, voies et moyens, administration, juridiction, tout diffère et doit différer essentiellement. Sans doute notre voirie est paralysée par une organisation vicieuse; mais ce n'est pas en imitant nos voisins que nous pourrons l'améliorer. Jamais l'imitation ne fut moins motivée. Cherchons, sans préoccupation de cette espèce, à corriger les vices de notre législation; nous les avons successivement signalés dans les chapitres précédents; il ne nous reste plus qu'à présenter, sous forme législative, les modifications qu'ils nous paraissent commander: c'est l'objet du projet de loi qui va suivre.

PROJET DE LOI

SUR

L'ORGANISATION GÉNÉRALE

DES

CHEMINS PUBLICS.

CHAPITRE PREMIER.

CLASSEMENT.

Motifs à l'appui, pag. 12-14, et ci-dessous (1).

Art. 1.er Tout chemin qui, sans être exclusivement consacré à desservir une propriété commune d'un usage limité, se trouve légalement commis aux soins d'une autorité publique quelconque, administrative ou municipale, est public non-seulement pour les habitants de la circonscription territoriale dans laquelle cette autorité s'exerce, mais encore pour tous ceux qui du dehors veulent venir en faire usage en se conformant aux lois sur la voirie.

Il est imprescriptible.

---

(1) Cet article est le résumé de principes si nécessaires à toute nationalité, qu'on pourrait presque les regarder comme des axiomes sociaux et se dispenser de les écrire dans les lois. Toutefois, si l'on réfléchit au grand nombre de personnes qui vivent dans l'état social sans trop s'inquiéter de ses conditions les plus vitales; si l'on songe que beaucoup d'entre elles entrent dans les conseils locaux et peuvent y faire prévaloir leurs erreurs; si l'on considère enfin que trop souvent on a vu des communes, méconnaissant leurs véritables intérêts et leurs droits, chercher à s'isoler du corps social et revendiquer sur les chemins communaux une propriété illimitée, fondée, disaient-elles, sur l'origine même et l'acquisition première du chemin, on demeurera convaincu qu'il est nécessaire de leur rappeler que la condition sous laquelle elles ont été incorporées dans l'état a été de renoncer à leur isolement, et de devenir pénétrables dans tous les sens à la nation entière, en éten

Art. 2. A l'avenir les chemins publics seront divisés en

Motifs à l'appui, pag. 14-26; 75-80, et ci-dessous (1).

Chemins communaux,
Chemins vicinaux,
Routes départementales,
Routes royales.

Le chemin communal est situé tout entier sur le territoire d'une commune, et ne sert habituellement qu'à son exploitation ou aux divers besoins de la communauté; il peut former jonction avec un chemin public d'une commune voisine.

---

dant la publicité de leurs chemins à tous les nationaux qui voudraient en user conformément aux lois. Ce principe écrit en tête de la loi fera disparaître les obstacles que des esprits étroits et ignorants pourraient susciter.

Cet article est nécessaire, d'ailleurs, pour déclarer que les chemins publics sont imprescriptibles, aussi bien le simple sentier que la route royale. On commettrait une erreur grave si l'on pensait que cette imprescriptibilité est établie en vue de la publicité communale. Celle-ci se défend par elle-même; l'autorité municipale veille suffisamment; et cela est si vrai que toutes les propriétés exclusivement communales telles que le bois, le pacage, etc., sont prescriptibles. Les chemins publics ne le sont pas parce que la commune n'est pas seule intéressée à leur maintien; il peut même arriver qu'ils aient besoin d'être conservés contre elle; c'est en faveur de l'intérêt national qui ne peut veiller partout, c'est pour lui seul que l'imprescriptibilité est établie.

L'article premier dit tout cela : et quoiqu'il soit possible de le faire jaillir de la force des choses, il y aurait peut-être danger à le laisser deviner par tout le monde.

(1) Il semble au premier coup-d'œil que cet article ne renferme que des définitions; et les définitions, chacun le sait, rendent souvent les lois moins précises, toujours plus longues : de plus, elles prêtent à la controverse et vont ordinairement contre le but qu'elles doivent atteindre. Il faut bien cependant dire quelque part ce que l'on entend par chemin communal, par chemin vicinal. Laissera-t-on aux instructions ministérielles le soin d'éclairer sur ce point les autorités locales chargées de l'application?

Cette marche pourrait être utile s'il s'agissait d'un autre sujet;

Le chemin vicinal est nécessaire à la communication d'une ou d'un plus grand nombre de communes avec les marchés circonvoisins ou autres lieux importants. Il peut s'étendre aux territoires de plusieurs d'entre elles, et s'approprier, sans indemnité, les chemins communaux qu'ils renferment.

La route départementale est nécessaire au commerce local et fait communiquer entre elles des villes voisines. Elle peut s'approprier, sans indemnité, tous chemins communaux ou vicinaux.

La route royale est nécessaire aux transports généraux, et fait communiquer entre elles des cités principales; elle peut s'approprier, sans indemnité, tous chemins communaux ou vicinaux et toutes routes départementales.

Motifs à l'appui, ci-dessous (1).

Art. 3. Les routes royales ou départementales existantes sont maintenues.

---

mais il ne faut pas perdre de vue que la question qui nous occupe soulève tous les petits intérêts d'une localité. Chacun voudra que le chemin qui passe chez lui ait une grande importance, et, au milieu de ce feu croisé de prétentions rivales, pense-t-on qu'une instruction ministérielle se présentera avec assez d'autorité pour imposer ses prescriptions ?

N'est-il pas évident, au contraire, que dans cette occasion les préfets auront besoin de toute la puissance de la loi pour en assurer l'application.

Cet article, d'ailleurs, au milieu des définitions, renferme quelques dispositions importantes qu'on ne saurait omettre dans une législation regulière. Il établit que le chemin communal ne peut sortir de la limite communale; que le chemin vicinal s'étend à plusieurs communes, et peut s'approprier, sans indemnité, tous les chemins communaux qu'il rencontre; que la route départementale peut s'approprier de même tous chemins vicinaux et communaux; que la route royale enfin peut s'emparer de tous chemins publics. Toutes ces questions sont évidemment du domaine de la loi, et ne pourraient être résolues par des ordonnances royales ou des instructions ministérielles.

(1) Cet article est nécessaire pour opérer sans perturbations la transition de l'état actuel à l'état nouveau. Il évite un inconvénient

Tous les autres chemins publics, quelle que soit eur dénomination actuelle, seront considérés comme hemins communaux jusqu'au moment où ils auront té, conformément à la présente loi, déclassés ou lassés autrement.

Art. 4. A l'avenir, tout classement ou déclassement, et toute fixation ou modification de limites, e directions, ou de dimensions, seront effectuées, avoir : Motifs à l'appui, pag. 75-80.

Pour un chemin communal, sur un vote conforme u conseil municipal par arrêté du maire, exécutoire près approbation du préfet; Motifs à l'appui, pag. 77.

Pour un chemin vicinal, par arrêté du préfet, ur un vote conforme du conseil général émis après ue les conseils d'arrondissement et municipaux auront té consultés;

Pour une route départementale, par ordonnance oyale rendue sur un vote conforme du conseil génél, émis après enquête et selon les formes prescrites ar les lois;

Pour une route royale, par une loi spéciale qui éterminera les points principaux de passage, et laisera à des ordonnances royales le soin de fixer ou odifier, après enquêtes s'il y a lieu, les directions t limites intermédiaires.

Art. 5. En cas de discord entre deux ou plusieurs épartements sur le classement ou le déclassement de hemins publics, formant jonction, le ministre de intérieur prononcera.

---

ajeur dans lequel sont tombés presque tous les projets qui ont rgi jusqu'à ce jour, sans en excepter ceux présentés par le gouernement et par la commission de la Chambre des députés; c'est e passer par une époque assez longue où il n'y a plus, aux termes e la loi, ni chemins vicinaux ni chemins communaux; ce qui onstituerait un véritable chaos. Voir pag. 144-145 les observations ritiques jointes à l'article 2 du projet de la commission.

Art. 6. Par le déclassement,

Une route royale deviendra départementale, et s divisera entre les départements traversés.

Une route départementale deviendra chemin vi cinal.

Motifs à l'appui, ci-dessous (1).

Un chemin vicinal deviendra communal et se di visera entre les communes traversées.

Un chemin communal cessera d'être public pourra être aliéné, comme propriété de la commune sauf la réserve des droits d'usage pour les immeubl desservis par lui avant le déclassement, et du droit prescription, à dire d'experts, pour les riverains q l'auront réclamé auprès du préfet, dans le premi mois du déclassement.

Néanmoins, si le déclassement ne s'étend pas tout un chemin public, et s'il n'est que le résult d'un changement partiel de direction, la partie aba donnée pourra être, sauf la réserve des droits d'usag au profit des immeubles desservis avant le déclass ment, aliénée ou échangée au profit du chemin re tifié, toutes les fois que, dans le premier mois d déclassement, le maire, sur avis conforme du co seil municipal, qu'il est autorisé à convoquer à c effet, ne l'aura pas revendiquée, comme nécessaire a besoins de la communauté, devant le conseil de pr fecture qui prononcera.

---

(1) Cet article est indispensable pour compléter le chapitre classement; il est clair, en effet, que s'il n'est point parlé déclassement, il pourra se faire que personne ne se croie le dr de l'effectuer. D'un autre côté, on ne peut pas laisser dans vague la situation des chemins déclassés. Il fallait évidemme écrire, quelque part, que le déclassement ne faisait pas toujou tomber le chemin dans le domaine privé. Il fallait le faire pass successivement par la filière des classes inférieures, afin que divers intérêts sociaux pussent se l'approprier les uns à défa des autres; il fallait régler enfin ce qui arrivera dans le cas d' déclassement partiel, déterminé par un changement de directio

L'article 6 dit tout cela; et la commission dans son proje oublié de le dire.

CHAPITRE II.

VOIES ET MOYENS.

Art. 7. Il sera pourvu à l'entretien, à la réparation et à la construction des chemins publics au moyen :

Motifs à l'appui, pag. 26 - 29, et ci-dessous (1).

1° De tâches d'entretien déterminées aux articles 8 et suivants;

2° Des ressources éventuelles indiquées à l'art. 13;

3° Du produit d'un centime fixe, additionnel au principal des quatre contributions directes, centralisé sur tout le département et réparti chaque année par le conseil général entre les communes, en raison des nécessités de leurs chemins communaux, et pour suppléer à l'insuffisance de leurs propres ressources;

4° D'un fonds commun communal, applicable d'abord à l'exécution de toutes les tâches d'entretien à la charge des immeubles de la commune; subsidiairement aux autres besoins de ses chemins communaux seulement, réparti chaque année par le conseil municipal, et composé, en premier lieu, de l'allocation sur le centime fixe départemental; en second lieu, de centimes variables, dont le maximum est fixé à quatre, additionnels au principal de la con-

(1) Le troisième paragraphe ainsi que le cinquième, ont pour but de suppléer à l'insuffisance de certaines localités trop pauvres pour satisfaire aux besoins de leur voirie sans secours étrangers. Quelques départements, quelques communes riches crieront à l'injustice, et se prétendront lésés par ce principe de répartition; mais l'iniquité n'est ici qu'apparente: nous avons déjà eu occasion de le faire remarquer dans le courant de cet écrit. Chacun doit à l'état social, non en raison des dommages qu'il lui cause, mais bien des bénéfices qu'il en retire; et si l'organisation d'un pays est telle que dans certains lieux, chacun se trouve constamment obligé, pour suffire à la vie sociale, d'atteindre le maximum contributif, tandis que d'autres y pourvoient avec des efforts moitié moindres, même en y comprenant les secours qu'on leur demande pour autrui, ce ne sont pas, en définitive, ces derniers qui ont

tribution foncière, votés chaque année par le conseil municipal ou, à son défaut, et s'il n'y est suppléé sur les ressources ordinaires, imposés et répartis d'office par le préfet, toutes les fois que l'état des chemins l'exigera;

5° Du produit d'un centime fixe, additionnel au principal des quatre contributions directes, centralisé sur toute la France, et réparti chaque année par le directeur général des ponts et chaussées entre les départements, en raison des nécessités de leurs chemins vicinaux, et pour suppléer à l'insuffisance de leurs propres ressources;

6° D'un fonds commun départemental, applicable d'abord aux traitements de tous les agents-voyers ou autres dépenses administratives des chemins communaux et vicinaux, et subsidiairement aux travaux de toute nature de ces derniers seulement, réparti par le conseil général, et formé, en premier lieu, de l'allocation sur le centime fixe général; en second lieu, de centimes variables, dont le maximum est fixé à dix, additionnels au principal des trois contributions directe, patentes, portes et fenêtres, personnelle et mobilière, votés chaque année par le conseil général ou, à son défaut et s'il n'y est suppléé, sur les fonds généraux du département imposés d'office par ordonnance royale, et répartis par le préfet toutes les fois que le service des chemins l'exigera;

---

raison de se plaindre de l'état social, ce seraient plutôt les premiers.

Supprimez ici le centime départemental, et vous trouverez des communes qui n'auront pas assez de 20 centimes additionnels pour suffire à leurs chemins communaux. Supprimez le centime général, et vous devrez accorder à quelques départements le droit de s'imposer peut-être 30 centimes pour entretenir leurs chemins vicinaux.

Dans un grand pays comme la France, si l'on n'admettait pas ce secours des lieux très-riches en faveur des lieux très-

7° Des crédits alloués sur le budget départemental aux services des routes départementales ;

8° Des crédits alloués sur le budget de l'état aux services des routes royales, répartis chaque année entre les départements par le directeur général des ponts et chaussées, et entre les routes du même département par son conseil général.

Tâches d'entretien.

Art. 8. Chaque commune est divisée en autant de sections ou polygones qu'il y a de portions de son territoire entourées de tous côtés ou par des voies publiques, ou par la limite communale, ou par des obstacles que le conseil municipal aura déclarés infranchissables.

Motifs à l'appui, pag. 38-42, et ci-dessous (1).

---

pauvres, il faudrait donner aux limites contributives, autorisées par la loi, une extension qui serait la plupart du temps fort dangereuse et qui, de plus, conduirait à des inégalités de charges intolérables.

(1) L'entretien des fossés et accotements sur les routes royales et départementales, par les polygones voisins, réveillera le souvenir de la législation antérieure à 1827, qui fesait entretenir par les riverains les fossés de ces routes. La loi du 12 mai 1825 vint les mettre à la charge du trésor à partir du 1er janvier 1827; et peut-être sera-t-on tenté de voir dans cet abandon un argument contre les tâches d'entretien. Pour se convaincre du contraire, il suffira de rappeler les motifs qui déterminèrent alors le législateur; il y en eut deux principaux : d'abord l'iniquité de cette charge qui, ne pesant que sur le riverain et en raison non de la valeur du champ, mais de la longueur de la rive, paralysait dans l'autorité supérieure toute volonté coërcitive; en second lieu, l'impossibilité où l'on se trouvait de réparer les accotements si les terres des fossés étaient laissées aux riverains, et il était à peu près impossible de les empêcher de les prendre.

Mais rien de tout cela n'existerait plus dans les tâches d'entretien.

Ici ce n'est pas seulement le riverain qui est frappé, c'est aussi celui qui ne touche à aucun chemin, car chaque immeuble a sa tâche particulière. En second lieu, cette tâche est proportionnelle

Sont à la charge du polygone riverain, les travaux ordinaires d'entretien sur chaque moitié de chemin public, l'empierrement excepté pour les routes royales et départementales seulement.

Motifs à l'appui, pag. 42, et ci-dessous (1).

Art. 9. Ces charges immobilières demeureront solidaires entre tous les immeubles situés dans le polygone, tant qu'il n'interviendra pas une sous-répartition proportionnelle aux divers revenus contributifs, assignant à chaque voie ses contribuables, à chaque contribuable sa tâche d'entretien, et consentie par tous les intéressés ou sur la demande de l'un d'eux, arrêtée, sauf recours au conseil de préfecture, par le maire dans le délai du règlement, ou, à son défaut, par le sous-préfet.

Motifs à l'appui, ci-dessous (2).

Art. 10. A moins de conventions contraires, la tâche d'entretien sera à la charge du fermier; mais le propriétaire en demeurera solidairement responsable, sauf répétition contre qui de droit devant les

---

au revenu du champ, et non à une portion de son périmètre qui est sans aucun rapport avec sa valeur; enfin, les accotements et les fossés sont dans la même main, et aucun des inconvénients nés autrefois de leur séparation ne peut plus reparaître. L'objection que nous venons de prévoir est donc ici sans aucune force.

(1) Cette solidarité établie en principe tant que la subdivision n'est pas opérée, permet de mettre en action toute la loi aussitôt après sa promulgation; car la division entre polygones se trouve faite tout naturellement. C'est un avantage immense du système des tâches permanentes que cette possibilité d'action immédiate. Dans les autres systèmes, l'administration publique est condamnée, quant à la restauration des chemins, à l'inaction la plus complète pendant toutes les opérations préliminaires qui peuvent durer plus d'une année. Ici l'article 2, joint à l'article 9, constitue régulièrement, et sans opération d'aucune espèce, l'état présent comme point de départ, et permet d'arriver au perfectionnement, successivement, sans hâte, et par conséquent aussi avec moins d'erreurs.

(2) Dans l'état normal, c'est celui qui exploite qui doit être chargé de la tâche d'entretien, parce que lui seul a des loisirs et

tribunaux ordinaires, de toutes sommes qu'il aura dû payer pour cet objet.

Art. 11. Les tâches d'entretien, une fois fixées, ne pourront être modifiées que cinq ans après, à moins que dans l'intervalle il ne survienne des changements, soit dans l'étendue des voies publiques à la charge du polygone, soit dans le revenu contributif des immeubles qui le composent.

Motifs à l'appui, ci-dessous (1).

Art. 12. Les propriétés de l'État et de la couronne contribueront à toutes charges des chemins publics de la même manière que les propriétés privées, et d'après un rôle spécial dressé par le préfet en conseil de préfecture, établissant pour chacun de ces immeubles son revenu contributif.

Ressources éventuelles.

Art. 13. Toutes les fois qu'un chemin public sera habituellement ou temporairement dégradé par des exploitations de mine, de carrières, forêts, ou de toute entreprise industrielle appartenant à des particuliers, à des établissements publics, à la couronne ou à l'État, il pourra y avoir lieu à imposer des subventions particulières aux entrepreneurs et propriétaires. Ces subventions seront réglées par les conseils de préfecture, après des expertises contradictoires, recouvrées, comme en matière de contributions directes, et, à la diligence de l'ingénieur ou agent-voyer, appliquées exclusivement à la réparation des parties dégradées.

---

des instruments disponibles; c'est donc au fermier qu'il faut l'attribuer. Quant au propriétaire, il fournira la contribution en argent; et par ce moyen l'équilibre de charges se trouvera parfaitement établi entre ces deux classes.

(1) Cette permanence se prolongera certainement au-delà de cinq années, car elle participera de l'immobilisation elle-même de la propriété; il fallait toutefois fixer des époques où il serait possible de corriger des erreurs commises. La période quinquennale a paru satisfaire aux convenances diverses.

CHAPITRE III.

ADMINISTRATION.

Motifs à l'appui, pag. 89-108.

Art. 14. Un ingénieur des ponts et chaussées, pour toute route royale ou départementale; un agent-voyer pour tout chemin vicinal ou communal, sera spécialement, chargé sous l'autorité directe du préfet ou du sous-préfet, selon les cas déterminés par le règlement;

1° De surveiller constamment l'état de la chaussée, et de signaler à l'autorité compétente tout ce qui appellera son intervention ou son attention;

2° De diriger et recevoir tous travaux légalement prescrits, soit sur les crédits alloués, soit aux frais des particuliers;

3° D'exercer, en ce qui concerne l'ouverture ou l'exploitation des carrières, l'extraction ou la réunion des matériaux, tous les droits attribués jusqu'à ce jour aux agents de la grande voirie;

4° De dresser toutes pièces administratives ou comptables, ainsi que des plans, devis et détails estimatifs, pour tous les travaux des chemins confiés à sa surveillance, toutes les fois qu'il y aura lieu;

5° De participer, lorsqu'il y sera légalement appelé, aux travaux du comité consultatif établi en l'art. 18.

Tout ingénieur ou agent-voyer pourra, sous sa responsabilité propre et à ses frais, se faire représenter dans la surveillance des travaux et des routes, par un conducteur de son choix, muni d'un diplôme de candidat voyer, après l'avoir fait toutefois agréer et assermenter par le préfet.

Motifs à l'appui, pag. 104-106.

Art. 15. Les ingénieurs des ponts et chaussées seront nommés comme par le passé; toutefois un cinquième des ingénieurs ordinaires pourra être pris parmi les agents-voyers sur un concours général qui aura lieu chaque année d'après un programme et des conditions déterminées par ordonnance royale.

Art. 16. Le préfet, sauf l'approbation du ministre de l'intérieur, pourra révoquer les agents-voyers, et les nommera sur un concours public ouvert entre les conducteurs.

Il recevra leur serment, et, sur l'avis du conseil général, déterminera leur traitement, ainsi que les chemins publics sur lesquels chacun d'eux exercera ses fonctions.

Art. 17. A l'avenir, l'ingénieur en chef sera chargé :

Motifs à l'appui, pag. 106-107.

1° De vérifier et viser toutes pièces administratives ou comptables fournies par les ingénieurs ou agents-voyers, en accompagnant de ses observations celles qui lui en paraîtront susceptibles, sans toutefois que le préfet soit obligé d'en tenir compte;

2° De faire chaque année, sur la gestion de tous les ingénieurs et agents-voyers du département, un rapport au directeur général des ponts et chaussées, et de servir d'intermédiaire pour toutes les communications que l'administration centrale voudra leur adresser par cette voie;

3° De présider le comité consultatif établi à l'article 18;

4° D'accompagner sur les travaux le préfet ou tout inspecteur des ponts et chaussées, et de lui fournir, ainsi qu'au directeur général, tous avis ou renseignements qui lui seront demandés, soit sur les projets des ingénieurs ou agents-voyers, soit sur des questions techniques ou administratives;

5° Lorsqu'il le jugera convenable, de visiter tous travaux, examiner tous états, registres, plans; adresser toutes observations, soit à l'ingénieur ou agent-voyer, soit à l'autorité supérieure;

6° De professer, au chef-lieu, un cours public de constructions, dont le programme sera déterminé par le directeur général des ponts et chaussées;

7° D'exécuter enfin tout ce qui lui sera prescrit par le règlement.

Motifs à l'appui, pag. 94-95.

Art. 18. Il y aura dans chaque département un comité consultatif composé :

1° De l'ingénieur en chef président, suppléé au besoin par l'ingénieur ordinaire le plus ancien en grade ;

2° De tous les ingénieurs du département en service ordinaire ;

3° D'un nombre égal d'agents-voyers désignés chaque fois par le préfet.

Ce comité se réunira toutes les fois qu'il sera convoqué par le préfet, et dans le lieu désigné par ce magistrat. Il répondra à toute question d'art, jugera tout projet ou concours, qui lui sera déféré aux termes du règlement.

Les indemnités pour frais de déplacement et de séjour seront déterminées par le préfet et prélevées sur le fonds commun départemental comme dépenses administratives obligatoires.

Motifs à l'appui, pag. 95-98.

Art. 19. Le préfet pourra ordonner l'exécution immédiate des projets présentés par l'ingénieur ou l'agent-voyer d'un chemin public, toutes les fois que l'urgence du travail sera reconnue et constatée par le juge-de-paix, ou que la dépense n'excèdera pas mille francs.

Dans les autres cas, il sera tenu auparavant de consulter l'ingénieur en chef, si la dépense est inférieure à trois mille francs, et, si elle atteint ou dépasse cette limite, de soumettre le projet à un concours public dont il aura à l'avance arrêté le programme et le prix, et qui sera jugé par le comité consultatif.

Ce jugement, lorsque la dépense excédera 50,000 f., sera soumis à l'approbation du directeur général qui, après avoir consulté le conseil général des ponts et chaussées, pourra le modifier dans toutes ses dispositions.

Art. 20. L'organisation actuelle de l'administration des ponts et chaussées est conservée dans tout ce qui n'est pas contraire à la présente loi.

Art. 21. La sous-répartition des ressources diverses mises à la disposition des chemins publics sera déterminée, tous les ans, pour les chemins communaux, par le conseil municipal; et pour chaque route royale, chaque route départementale et chaque chemin vicinal, par une commission spéciale qui signalera, en outre pour l'avenir, les besoins du chemin, et émettra tous les vœux, donnera tous les avis qu'elle croira utiles.

Motifs à l'appui, pag. 82-87.

Cette commission se réunira sur convocation du préfet à la mairie d'une des communes traversées; les délibérations ne seront valables que lorsque plus de la moitié de ses membres y aura pris part; et si deux convocations à huit jours d'intervalle demeurent sans résultat, le préfet arrêtera d'office la sous-répartition.

Chaque commission spéciale sera composée,

1° Des maires des communes traversées ayant un marché, auxquels on adjoindra, lorsqu'ils seront moins de trois, pour compléter ce nombre, les maires des autres communes traversées dont les tâches d'entretien sur ce chemin formeront la surface la plus grande, chaque maire pouvant déléguer un conseiller municipal pour le remplacer;

2° D'un président ayant voix prépondérante en cas de partage, désigné chaque année par le préfet, parmi les membres du conseil général ou d'arrondissement, suppléé, en cas d'empêchement par le doyen d'âge des maires;

3° De l'ingénieur ou de l'agent-voyer faisant fonctions de secrétaire, et suppléé, en cas d'empêchement, par son conducteur.

Le préfet, pour les routes royales, les routes départementales et les chemins vicinaux, le sous-préfet pour les chemins communaux, pourra modifier la sous-répartition :

1° En y inscrivant ou des obligations omises, ou des dépenses imprévues dont l'urgence aura été constatée par procès-verbal du juge-de-paix, ou des allocations pour travaux formant jonction avec d'autres chemins publics ;

2° En réduisant les crédits au niveau des ressources lorsqu'elles se trouveront dépassées ;

3° En augmentant les allocations ou en prescrivant de nouveaux travaux si l'état des chemins l'exige, lorsque toutes les ressources disponibles ne se trouveront pas employées.

CHAPITRE IV.

POLICE ET JURIDICTION.

Motifs à l'appui, pag. 111-112.

Art. 22. Chaque préfet, pour assurer, dans son département, l'exécution de la présente loi, fera un règlement qui, après avoir été communiqué au conseil général, et approuvé ou modifié par le ministre de l'intérieur, sera exécuté comme règlement d'administration publique.

Ce règlement, qui pourra être modifié plus tard suivant les mêmes formes, fixera les dispositions et délais nécessaires à l'exécution de chaque mesure, et statuera en même temps sur tout ce qui est relatif aux adjudications, aux alignements, aux autorisations de construire le long des chemins publics, aux plantations, à l'élagage, aux fossés et à tous autres détails de surveillance et de conservation des chemins, ou d'exécution de la présente loi.

Art. 23. Lorsque le maire et le conseil municipal n'auront pas exécuté, dans le délai prescrit par le règlement général, les opérations administratives qui leur sont attribuées, il y sera pourvu d'office par le préfet aux frais de la commune.

Art. 24. Lorsque les tâches immobilières ne seront pas convenablement entretenues, il y sera pourvu d'office dans les délais et les formes du règlement, sur l'ordre du sous-préfet pour les chemins communaux, du préfet pour les routes royales, les routes départementales et les chemins vicinaux, par l'ingénieur ou l'agent-voyer, aux frais de ceux à qui la portion de chemin se trouvera assignée, sauf à eux à poursuivre devant les tribunaux ordinaires la négligence d'autrui, si elle leur devient préjudiciable.

Motifs à l'appui, ci-dessous (1).

Les états de dépenses seront rendus exécutoires par un arrêté et recouvrés à la diligence du percepteur, comme en matière de contributions directes.

Art. 25. Le préfet, en conseil de préfecture et sans qu'il soit besoin de recourir à l'autorité supérieure, autorisera :

Motifs à l'appui, pag. 114-115.

1° Les acquisitions à l'amiable, aliénations et échanges proposés par délibérations des conseils municipaux ou des commissions spéciales, jusqu'à concurrence d'une somme de 3,000 fr., et après une enquête de *commodo et incommodo ;*

2° Les acquisitions par voies d'expropriation pour cause d'utilité publique, jusqu'à concurrence de la même somme; il est expressément dérogé, à cet effet, aux dispositions du premier paragraphe de l'art. 2 et

---

(1) Cet article rend extrêmement simple et très facile la surveillance des tâches d'entretien. Si l'agent-voyer, en passant sur un chemin, remarque une tâche négligée, il en prévient l'intéressé, et s'il ne répare pas sa négligence, le préfet averti donne à l'agent-voyer l'ordre de faire exécuter les travaux nécessaires. Les états de dépenses sont ensuite recouvrés et soldés par le percepteur. Cette facilité d'action donnera beaucoup de poids aux avertissements des agents-voyers, et rendra beaucoup plus rare et moins nécessaire l'intervention effective de l'autorité supérieure.

Si la dégradation a été l'effet de la négligence d'autrui, le débat pourra s'établir entre des intérêts privés devant les tribunaux ordinaires; mais le chemin se trouvera toujours hors de cause.

du dernier paragraphe de l'art. 12 de la loi du 7 juillet 1833;

3° Tous les travaux d'ouverture, de rectification, d'élargissement ou d'améliorations dont le tracé, lorsqu'il s'agira de routes royales ou départementales, aura été préalablement approuvé par l'administration supérieure;

4° Les extractions de matériaux à prendre sur des terrains appartenant à des particuliers, sauf le droit d'indemnité préalable qui sera réglé conformément à l'article suivant.

Les actes sujets à l'enregistrement ne seront assujétis qu'au droit fixe d'un franc.

Motifs à l'appui, pag. 114-115.

Art. 26. Dans tous les cas énumérés en l'article précédent, où il y aura lieu à régler une indemnité, le jury spécial, par dérogation à la loi du 7 juillet 1833, ne sera composé que de quatre jurés présidés par le juge-de-paix; ils seront tirés au sort, ainsi que deux jurés supplémentaires, en audience publique par ce magistrat. L'administration et la partie adverse pourront exercer chacune une récusation.

Le juge-de-paix sera assisté de son greffier et autorisé à recevoir les acquiescements des parties aux propositions de l'administration; dans ce cas, son procès-verbal fera foi et vaudra titre de propriété.

Motifs à l'appui, pag. 112.

Art. 27. Toutes les fois que des communications seront interrompues ou menacées de l'être, l'autorité administrative, après que l'urgence en aura été reconnue et constatée par le juge-de-paix, pourra ordonner sur les propriétés privées, sauf indemnités ultérieures, s'il y a lieu, toutes mesures qu'elle jugera nécessaires pour rétablir et maintenir les communications.

Motifs à l'appui, ci-dessous (1).

Art. 28. Toute contestation sur la nature des travaux exécutés d'office par l'autorité administrative,

---

(1) Cet article est le complément de l'article 27. Il règle la juridiction qui connaîtra des contestations sur les travaux exécutés

aux frais des propriétaires d'un polygone riverain, conformément à l'article 24, devra être portée au plus tard dans le mois qui suivra l'arrêté de recouvrement, devant le conseil de préfecture, qui pourra obliger le chemin à rembourser tout ou partie de la dépense; ou si la réclamation n'est pas fondée, condamner chaque réclamant à une amende qui ne dépassera pas 50 fr.

Art. 29. Les contraventions relatives à la police des chemins publics pourront être constatées par les maires, adjoints, ingénieurs, agents-voyers, conducteurs, gendarmes, gardes champêtres et forestiers, et par les cantonniers qui seront commissionnés à cet effet.

Les procès-verbaux, autres que ceux dressés par les maires et adjoints, seront affirmés dans les vingt-quatre heures devant l'autorité municipale ou le juge-de-paix.

Tous procès-verbaux devront être enregistrés dans les trois jours, et feront foi jusqu'à preuve contraire.

Motifs à l'appui, pag. 117-120.

Art. 30. Le tribunal de simple police, sauf appel dans le mois au conseil de préfecture, interjeté au besoin par le préfet, connaît des anticipations, empiètements, dégradations ou toutes autres entreprises sur les chemins publics, sur les arbres et les haies, sur les objets qui en dépendent, sur tous les matériaux destinés à leur entretien, et généralement toutes contraventions commises contrairement au règlement arrêté en vertu de l'art. 22 de la présente loi.

Il ordonne immédiatement, sous les réserves des questions de propriété et d'usage, lesquelles devront

---

d'office aux frais des tâcherons. La perspective de 50 fr. d'amende rendra rares les réclamations infondées, et quoiqu'il arrive, l'action administrative ne sera jamais gênée parce que tout se réduira, au pis-aller, à prélever tout ou partie de la dépense sur les allocations en argent faites ou à faire aux chemins.

être portées devant les tribunaux ordinaires, les restitutions et les réparations qui seront faites à la diligence du préfet ou du sous-préfet, par l'ingénieur ou l'agent-voyer, aux frais du contrevenant, recouvrables de la même manière que les amendes de police.

Motifs à l'appui, ci-dessous (1).

Art. 31. Toute contravention sur les chemins publics sera punie d'une amende de 1 fr. à 50 fr., indépendamment des restitutions et réparations qui pourront être ordonnées.

En cas de récidive, l'amende sera doublée, et il pourra y avoir lieu, en outre, à l'application de l'article 482 du code pénal.

Motifs à l'appui, pag. 112-117.

Art. 32. Toutes les fois que la publicité d'un chemin ou la limite d'un chemin public sera contestée, le préfet la déclarera par un arrêté spécial qui pourra être attaqué, dans le mois, devant le conseil de préfecture.

Art. 33. Les actions civiles intentées par les communes ou dirigées contre elles par suite de la présente loi, seront jugées comme affaires sommaires et urgentes.

Art. 34. La loi du 28 juillet 1824, et toutes dispositions antérieures, contraires à la présente loi, sont et demeurent abrogées.

---

(1) Nous ne saurions partager l'opinion de la commission de la Chambre des députés, qui réduit à 15 fr. le maximum de l'amende pour contravention aux lois sur la voirie. Il nous paraît évident que cette limite n'est pas assez étendue pour proportionner convenablement la répression à l'importance de l'infraction. La limite de 50 fr. proposée par le gouvernement nous a semblé de beaucoup préférable, et nous l'avons adoptée.

CHAPITRE VII.

EXAMEN du projet de loi présenté au nom de la commission de la Chambre des députés, par l'organe de M. Vatout, *dans la séance du* 22 *avril* 1835.

Nous terminerons cet écrit en reproduisant le projet de loi soumis à la Chambre des députés par sa commission dans la session de 1835. Nous indiquerons en regard de ses diverses dispositions les observations dont il nous a paru susceptible dans le courant de notre travail; nous y ajouterons quelques réflexions nouvelles; et nous aurons ainsi complété, autant qu'il est en nous, la tâche que nous nous sommes imposée.

PROJET DE LOI DE LA COMMISSION.

SESSION DE 1835.

CHAPITRE PREMIER.

CLASSEMENT.

Art. 1.er Les chemins publics, autres que les routes royales et départementales, sont vicinaux ou com-

Motifs contraires, ci-dessous (1).

(1) Cet article est conçu de telle sorte qu'immédiatement après la promulgation de la loi, tous les chemins publics, autres que les routes royales et départementales, disparaissent pour ne reparaître que le jour où le travail prescrit par l'art. 2 sera terminé. Mais dans l'intervalle, que deviendront-ils? Seront-ils publics? Qui les entretiendra? Il ne faut pas se persuader que ce travail sera

munaux, selon qu'ils ont été classés conformément à l'art. 2.

---

l'affaire d'un jour; une année suffira-t-elle pour redonner la vie à tous les chemins publics de la France?

Ce chaos n'est certainement pas dans l'intention des membres de la commission; mais il est tout aussi certain qu'il résulte de sa manière de procéder dans la réorganisation des chemins publics et du point de départ qu'elle se donne. Elle commence par détruire tout ce qui est, afin de tout réédifier. Il vaut beaucoup mieux, selon nous, s'établir sur l'état actuel, et le modifier le plutôt possible sans doute, mais successivement et sans une précipitation qui pourrait devenir funeste par les erreurs qu'elle entraînerait. Les modifications devront être nombreuses; c'est incontestable. On aura surtout à déterminer tous les chemins vicinaux. Mais jusqu'à ce qu'ils aient pris ce caractère, pourquoi ne pas les laisser communaux, comme ils le sont aujourd'hui, malgré leur dénomination? En procédant ainsi, ils continueront du moins à exister, et l'on ne sera pas obligé de passer par le néant pour arriver à la création.

Dira-t-on que l'on a voulu éviter de donner, *à priori*, le caractère communal à tous les chemins publics, pour forcer à faire immédiatement un triage de ceux qui ne sont à la charge des communes que par abus d'influence de certaines notabilités locales? Cette opération est désirable sans doute; mais il faut prendre garde de compromettre, par trop de précipitation, la publicité d'un grand nombre de chemins utiles, que des intérêts individuels pourront vouloir s'approprier. Cette publicité sera perdue le jour où les chemins cesseront d'être communaux; la supprimer est certainement chose beaucoup plus grave que de maintenir mal à propos, quelque temps encore, le caractère communal à quelques chemins que la commune, après tout, peut abandonner à eux-mêmes, tandis qu'une fois qu'elle les aurait fait rentrer dans le domaine privé, par erreur ou par quelque combinaison d'intérêt individuel, le mal serait irréparable.

Il est d'ailleurs un autre motif de procéder, ainsi que nous le proposons : c'est que lorsque tout est à créer, comme l'on ne peut pas demeurer dans le néant, il faut qu'une volonté commande en définitive à toutes les autres; tandis que lorsqu'il ne s'agit que d'améliorer et que l'on existe déjà, on peut sans danger exiger l'accord de plusieurs autorités indépendantes; car alors le pis-aller est de continuer à vivre comme par le passé. Aussi voit-on l'art. 2

Ne pourront être classés comme vicinaux que les chemins dont l'utilité s'étend à deux ou plusieurs communes.

---

du projet de la commission charger le préfet de tout le classement, même contrairement à la volonté de tous les conseils municipaux, d'arrondissement, de département; tandis que nous avons pu, sans inconvénient, établir qu'il faudra, pour changer l'état actuel, l'accord du préfet avec le conseil municipal pour les chemins communaux, avec le conseil général pour les chemins vicinaux. Si ces deux autorités ne sont pas en même temps d'avis de changer l'état existant, il sera maintenu; et s'il n'est pas parfait il se trouvera du moins régulier.

La commission de la Chambre, en prenant le néant pour point de départ, s'est trouvée forcée de donner à un seul homme un travail immédiat si considérable qu'il y a pour lui impossibilité physique de remplir la tâche avec la promptitude désirable, à moins qu'il ne l'abandonne à des agens subalternes, qui en abuseront certainement au profit des intérêts individuels. Peut-on d'ailleurs espérer que jamais un préfet, maître de classer ou de déclasser à son gré les chemins vicinaux et communaux, ne se laissera aller à des partialités politiques? Pense-t-on que jamais un chemin ne serait accordé à quelque complaisance électorale, refusé à quelque opposition administrative? Ce reproche paraîtra peut-être à quelques personnes un motif d'éloges; quant à nous, il nous serait impossible de ne pas voir avec chagrin mettre à la merci des passions politiques l'instrument le plus utile à la sociabilité. Ce ne serait pas donner de la force au pouvoir; ce serait bien plutôt laisser à ses agents une arme dont ils ne pourraient se servir qu'en se faisant à eux-mêmes des blessures souvent incurables.

Terminons cet examen du premier article par quelques mots sur le deuxième paragraphe. Il a évidemment pour objet de tracer le caractère distinctif des chemins vicinaux. Le but est louable, mais il est loin d'être atteint par le vague de ses prescriptions. Il y a bien peu de chemins communaux qui ne puissent être considérés comme utiles à plusieurs communes, ne fût-ce qu'aux relations de simple voisinage. Il fallait dire que ce ne sont pas celles-là que la voirie collective doit avoir en vue. C'est au marché qui est aussi le chef-lieu de canton; c'est à un lieu important et non simplement au clocher voisin que doit tendre le chemin vicinal. Selon nous, le paragraphe qui nous occupe en ce mo-

Motifs contraires, pag. 78-79; 87-89, et ci-dessous (1).

Art. 2. Sur l'avis des conseils municipaux, des sous-préfets, conseils d'arrondissement et du conseil général, le préfet classera les chemins vicinaux, en déterminera la direction, la largeur et les limites, désignera les communes intéressées à chaque ligne vicinale, et fixera, sauf tout recours de droit, la proportion dans laquelle ces communes contribueront à sa confection et à son entretien.

En cas de discord entre deux ou plusieurs dépar-

---

ment, est tellement rédigé qu'au lieu d'opposer une barrière à l'invasion des intérêts individuels, il est très-propre à la leur ouvrir.

(1) En nous occupant de l'article premier, nous avons déjà dit notre opinion sur le droit de classement et de déclassement que l'art. 2 donne au préfet en dernier ressort. Il nous reste à examiner les autres dispositions, et d'abord celle qui charge le même magistrat de fixer la proportion suivant laquelle les communes diverses attachées à chaque ligne vicinale contribueront à son entretien.

Selon nous, il y a erreur dans cette rédaction, et pour mieux nous expliquer, citons un exemple :

Six communes sont intéressées à un chemin : l'une d'elles, quoique peu importante, s'en sert beaucoup plus, et sa quote-part d'intérêts se trouve égale à un tiers, ce qui signifie qu'elle supportera cette portion dans toutes les dépenses à faire. Mais chaque centime additionnel ne produit pour elle que 10 fr. (et il y a un grand nombre de communes dans ce cas), les trois centimes autorisés par la loi aux termes de l'art. 12 ne donneront que 30 fr.; ainsi les cinq autres communes, quelle que soit leur richesse, ne pourront, dans aucun cas, fournir au-delà de 60 fr. Le maximum des ressources annuelles que le chemin aura à sa disposition se trouvera donc ainsi réduit à une somme insignifiante, uniquement parce que dans le nombre des communes attachées à son entretien il en existera une très-pauvre, qu'il intéressera beaucoup. La présence de celle-là suffira pour paralyser, pour garrotter toutes les autres.

C'est que le degré relatif d'intérêt entre les diverses communes d'un même chemin, n'est pas ce qu'il importait de déterminer ici; il fallait plutôt répartir les ressources de chacune entre les divers chemins vicinaux qui l'intéressent; et cela par la raison ements intéressés au classement d'un chemin vicinal, e ministre de l'intérieur prononcera.

Sur l'avis du conseil municipal et des sous-préfets, e préfet classera les chemins communaux, et en déterminera la direction, la largeur et les limites.

L'article 3 de la loi du 7 juillet 1833 n'est pas applicable aux chemins vicinaux et communaux.

Art. 3. Les chemins vicinaux et communaux sont imprescriptibles.

CHAPITRE II.

VOIES ET MOYENS.

Art. 4. Il sera pourvu à l'entretien, à la réparation et à la construction des chemins vicinaux et communaux, au moyen

1.° Des ressources ordinaires de chaque commune;

2.° Des prestations en nature dont le maximum est fixé à trois journées de travail;

3.° De centimes spéciaux votés par les communes, et dont le maximum est fixé à 5;

---

ien simple que nul ne peut être contraint de fournir plus qu'il ne ossède.

Le second paragraphe charge le ministre de statuer, dans le as de discord entre plusieurs départements *intéressés au classement* d'un chemin vicinal. Si l'on conserve le vague de ces termes, n'est-il pas évident que le ministre sera toujours le maître de voir partout un intérêt commun. Il est clair qu'ici l'on n'a eu en vue que les chemins *formant jonction* d'un département à l'autre. Il st trop facile et trop utile de l'expliquer pour ne pas l'écrire dans a loi.

Nous terminerons ces observations sur l'art. 2 par une réflexion énérale que fait naître en nous, à la simple lecture, la multiplicité, isons mieux l'immensité du travail que l'on a donné au préfet. l est physiquement impossible qu'il puisse ainsi prendre l'initiative de tout, et pour plus amples explications nous renvoyons à ce ue nous avons dit sur ce sujet, pages 87-88.

4.° De secours accordés par le conseil général sur les fonds ordinaires du département ;

5.° De centimes spéciaux votés par le conseil général, et dont le maximum est fixé à 5 ;

6.° Des ressources éventuelles indiquées aux articles 15, 16 et 17 de la présente loi.

Les centimes spéciaux mentionnés aux paragraphes 3 et 5 de cet article, seront imposés par addition au principal des quatre contributions directes.

L'application de ces diverses ressources pourra s'effectuer en tout ou en partie, selon la situation financière de la commune.

Motifs contraires, ci-dessous (1).

Art. 5. Le produit des ressources de toute nature affectées à chaque ligne vicinale, sera centralisé dans la caisse du receveur général du département.

Les formes relatives au paiement des dépenses et à la compatibilité spéciale des chemins vicinaux, seront déterminées par un règlement d'administration publique.

---

(1) L'exécution de cet article entraînerait une quantité prodigieuse d'écritures, et pour les détailler, laissons parler M. Saulnier, ancien préfet du Loiret. Il s'exprime en ces termes, pages 71 et 72, dans son écrit sur les moyens d'améliorer les routes et les chemins :

« Cette opération (la centralisation des fonds de chaque ligne » vicinale) qui paraît fort simple, déterminerait cependant les » complications les plus laborieuses.

» En premier lieu, il faudrait s'adresser aux conseils muni» cipaux, pour savoir si leur intention est d'acquitter tout ou » partie de leur contingent sur les revenus ordinaires ou en centi» mes spéciaux ; et, sur leur refus, imposer les communes d'office. » Ensuite, le préfet prendrait un arrêté pour faire verser le con» tingent de ces communes dans la caisse du receveur général, en » indiquant la portion du contingent applicable à chaque ligne » vicinale ; car, d'après le projet, presque toutes les communes » seraient intéressées à plusieurs lignes de cette nature. Ce

SECTION I.re

Prestations en nature.

Art. 6. Tout habitant, tout chef de famille ou d'établissement, à titre de propriétaire, de régisseur, de fermier ou de colon partiaire, porté au rôle d'une des contributions directes, autre que la personnelle, pourra être appelé à fournir chaque année une prestation de trois journées de travail, Motifs contraires, pag. 32-38; 65.

1.° Pour sa personne et pour chaque individu mâle, valide, âgé de 18 ans au moins, et de 60 ans au plus, membre ou serviteur de la famille, et résidant dans la commune ;

2.° Pour chacune des charrettes ou voitures attelées, et, en outre, pour chacune des bêtes de somme, de trait, de selle, au service de la famille ou de l'établissement dans la commune.

» arrêté serait nécessairement accompagné d'un état ou tableau » qui comprendrait toutes les communes et toutes les lignes vicinales » du département. Quand ensuite le montant des prestations réalisé » en argent serait connu, il faudrait prendre un nouvel arrêté » pour le faire verser chez le receveur général. Ce n'est pas tout; » lorsque le conseil général et les conseils d'arrondissements au» raient fixé le montant des subventions à donner sur les fonds » départementaux ordinaires ou sur celui des fonds spéciaux, à » chaque ligne vicinale, le préfet devrait délivrer sur le payeur, » au nom du receveur général, des mandats du montant de ces » subventions, afin que ce comptable pût en réunir les fonds aux » autres ressources attribuées à chaque chemin. Des opérations » analogues auraient lieu pour les ressources indiquées aux ar» ticles 15, 16 et 17.

» Et quel serait le résultat de tant d'efforts, d'une si prodigieuse » quantité d'écritures? Presque rien. On aurait seulement exécuté » une opération préliminaire, réuni des ressources diverses dans » une caisse centrale, et déterminé les allocations, presque tou» jours insignifiantes, qui reviendraient à chaque ligne sur l'en» semble de ces ressources. Ce serait bien peu de chose à côté de » tout ce qu'il faudrait faire encore. »

Art. 7. La prestation sera appréciée en argent, conformément à la valeur qui aura été attribuée dans la commune à chaque espèce de journée, par le conseil d'arrondissement, sur la proposition du conseil municipal.

Motifs contraires, pag. 35-36.

Art. 8. La prestation pourra, en tout ou en partie, être convertie en tâches, d'après un tarif qui sera annuellement proposé par le conseil municipal, et approuvé par le sous-préfet, pour chaque nature de travail à exécuter sur les divers chemins.

Art. 9. La prestation sera acquittable en nature ou en argent, au gré du contribuable.

Toutes les fois que, dans les délais prescrits, le contribuable n'aura pas opté ou qu'il n'aura pas exécuté la prestation, *la prestation* sera de droit exigible en argent, et le prix en sera recouvré comme en matière de contributions directes.

Motifs contraires, ci-dessous (1).

Art. 10. La prestation non rachetée en argent, ne sera jamais employée hors du territoire de la commune.

Art. 11. Le rôle des prestations sera dressé par le maire en conseil municipal, et rendu exécutoire par le sous-préfet.

Les réclamations seront présentées dans le délai d'un mois à dater de la publication du rôle, et jugées avec les mêmes formes qu'en matière de contributions directes.

Les remises pour la confection et le recouvrement des rôles seront fixées par le préfet, sur l'avis du conseil général.

---

(1) Cet article doit évidemment porter les communes à ne jamais fournir leurs prestations qu'en nature. Cet inconvénient est à lui seul suffisant pour le faire rejeter.

SECTION II.

Centimes communaux.

Art. 12. Les cinq centimes spéciaux des communes sont applicables ; savoir : 3 centimes aux chemins vicinaux, et 2 centimes aux chemins communaux.

Motifs contraires, ci-dessous (1).

Le vote du conseil municipal, assisté des plus imposés, sera soumis à l'approbation du préfet, qui autorisera l'imposition.

SECTION III.

Centimes départementaux.

Art. 13. Les centimes spéciaux du département formeront un fonds commun, exclusivement destiné à solder les frais d'administration des chemins vicinaux, et à fournir les subventions qui pourront leur être accordées.

Motifs contraires ci-dessous (2).

---

(1) Si l'on rapproche cet article du suivant, on voit qu'en définitive sur les 10 centimes de toute nature accordés par la loi aux chemins, 8 appartiendront aux chemins vicinaux, 2 seulement aux chemins communaux. Il est évident qu'on ne s'est pas rendu compte des besoins de ces derniers. On en sera convaincu si l'on réfléchit qu'il est un assez grand nombre de communes pour lesquelles le produit de 2 centimes ne dépassera pas 20 fr. et il faudra trouver, sur cette somme, non-seulement les dépenses d'administration et de surveillance, mais encore le prix des travaux à faire; car tout se trouve organisé de telle manière que les communes pauvres ne peuvent recevoir aucun secours pour leur voirie communale. Nous renverrons, pour plus amples détails sur l'insuffisance de cette disposition, à ce que nous avons dit pages 56-60.

(2) Quoique 5 centimes soient en général supérieurs aux dépenses indiquées dans cet article, il est cependant un certain nombre de départements assez pauvres pour que cette ressource soit insuffisante, s'ils ne sont secourus par les autres. Il y a nécessité de centraliser sur toute la France une partie de ces centimes départementaux. Pour plus de détails sur cette question, voir l'annotation jointe à l'article 7 de notre projet de loi, p. 127-129.

Motifs contraires, pag. 75-77, et ci-dessous (1).

Art. 14. La répartition du fonds commun départemental sera faite sur la proposition du préfet, par le conseil-général, entre les arrondissements, sans qu'il soit besoin de l'approbation du ministre.

La sous-répartition entre les lignes vicinales sera faite sur la proposition du sous-préfet, par le conseil d'arrondissement, sous l'approbation du préfet.

Le sous-préfet rendra, tous les ans, au conseil d'arrondissement le compte administratif des travaux entrepris ou exécutés sur les lignes vicinales de l'arrondissement.

SECTION IV.

Ressources éventuelles.

Art. 15. Les propriétés de l'Etat et de la Couronne contribueront aux dépenses des chemins *vicinaux* et *communaux* dans les mêmes proportions que les propriétés privées, et d'après un rôle spécial dressé par le préfet en conseil de préfecture.

---

(1) Les auteurs de cet article ont évidemment cédé au désir de donner au conseil d'arrondissement quelque chose à faire. Il est sans doute fort louable de chercher à utiliser un instrument qui existe; mais si, par la force des choses, il se trouve tout-à-fait impropre à ce que l'on exige de lui, son intervention ne sera plus qu'une complication inutile. C'est précisément ce qui arrive ici; pour s'en convaincre, il suffit de se rappeler que les trois quarts des chemins vicinaux sont à cheval sur deux arrondissements. Il faut donc, pour les administrer, une autorité qui sorte de la limite arrondissementale; et nous ne concevons pas pourquoi l'on n'a pas chargé de préférence le conseil général de faire la répartition entre les lignes vicinales. Lui seul est en situation convenable pour cela, et ce travail n'accroîtrait presque pas celui qu'on lui donne déjà en le chargeant de la répartition entre les arrondissements. Quant aux lumières qui lui viendront de ses membres divers sur chaque localité, elles seront pour le moins aussi grandes que celles que peut recevoir le conseil d'arrondissement; puisque l'élément local n'est pas plus nombreux dans l'un que dans l'autre. Voir, pour plus amples explications, ce que nous avons dit aux pages 75-77.

Art. 16. Toutes les fois qu'un chemin sera habituellement ou temporairement dégradé par des exploitations de mine, de carrières, forêts, ou de toute entreprise industrielle appartenant à des particuliers, à des établissements publics, à la couronne ou à l'Etat, il pourra y avoir lieu à imposer des subventions particulières aux entrepreneurs et propriétaires : ces subventions seront réglées par les conseils de préfecture après des expertises contradictoires, et recouvrées comme en matière de contributions directes.

Art. 17. Les amendes encourues par suite de condamnations relatives aux chemins *vicinaux* et *communaux* seront : les premières, réunies aux fonds affectés à chaque ligne vicinale, et les secondes, versées dans la caisse communale.

Motifs contraires, ci-dessous (2).

CHAPITRE III.

ADMINISTRATION.

Art. 18. Les chemins *vicinaux* sont placés sous l'autorité directe et la surveillance du préfet et du sous-préfet.

Lorsque, dans les délais déterminés par le règlement prescrit en l'art. 26, une commune ne se sera pas mise en mesure de remplir les obligations qui lui auront été assignées pour l'établissement ou l'entretien de la ligne vicinale dont elle dépend, le

(2) Quoique nous soyons très-partisans du principe qui a présidé à la rédaction de cet article, nous pensons que la complication administrative qu'il nécessiterait, et qui a été détaillée à propos de l'art. 5, se trouverait hors de proportion avec le secours, tout-à-fait insignifiant, procuré par ce moyen à la voirie publique. Ici la forme nous paraît emporter le fond. c'est pour ce motif que nous avons supprimé cette disposition dans notre projet de loi, et conservé par conséquent au trésor général l'encaissement de toutes les amendes.

préfet pourra l'imposer d'office en prestations et en centimes, dans la limite du *maximum* autorisé par la présente loi.

Art. 19. Les chemins *communaux* sont placés sous la direction de l'autorité municipale.

Toutefois le préfet, s'il reconnaît que l'état d'un chemin l'exige, pourra, d'office, prescrire et faire exécuter les travaux, et imposer à la commune, dans les limites du *maximum*, les centimes et les prestations nécessaires pour subvenir à la dépense.

Art. 20. L'état des impositions établies d'office, en vertu des deux articles précédents, sera tous les ans communiqué aux conseils d'arrondissement et au conseil général.

Artr. 21. Le préfet, en conseil de préfecture, et sans qu'il soit besoin de recourir à l'autorité supérieure, autorise :

1° Les acquisitions à l'amiable, aliénations et échanges proposés par délibération des conseils municipaux, jusqu'à concurrence d'une somme de 3,000 f., et après une enquête *de commodo et incommodo;*

2° Les acquisitions par voie d'expropriation pour cause d'utilité publique, jusqu'à concurrence également dune somme de 3,000 f. : il est expressément dérogé, à cet effet, aux dispositions du premier paragraphe de lart. 2, et du dernier paragraphe de lart. 12 de la loi du 7 juillet 1833;

3° Tous les travaux d'ouverture, de rectification, d'élargissement ou d'amélioration de chemins;

4° Les extractions de matériaux à prendre sur des terrains appartenant à des particuliers, sauf le droit d'indemnité préalable, qui sera réglée conformément à l'article suivant

Les actes sujets à l'enregistrement ne seront assujétis qu'au droit fixe d'un franc.

Art. 22. Dans tous les cas où il y aura lieu à régler une indemnité, le juri spécial, par dérogation à la loi du 7 juillet 1833, ne sera composé que de quatre jurés, présidé par le juge-de-paix; ils seront tirés au sort, ainsi que deux jurés supplémentaires, en audience publique, par ce magistrat. L'administration a le droit d'exercer une récusation; le même droit appartient à la partie adverse.

Le juge-de-paix sera assisté de son greffier, et autorisé à recevoir les acquiescements des parties aux propositions de l'administration; dans ce cas, son procès-verbal fera foi, et vaudra titre de propriété.

Art. 23. Il sera créé dans chaque département des agents-voyers nommés et révocables par le préfet, qui, sur l'avis du conseil général, déterminera leur nombre, leur traitement, et la circonscription dans laquelle chacun d'eux exercera ses fonctions.

Dans aucun cas, il ne leur sera accordé de remise proportionnelle.

Art. 24. Les agents-voyers prêtent serment devant le tribunal civil de leur circonscription :

Ils sont chargés, sous les ordres du préfet et du sous-préfet, des attributions suivantes :

1.° Ils dressent les devis et détails estimatifs;

2.° Font exécuter et reçoivent tous les travaux légalement prescrits;

3.° Donnent leur avis sur les tarifs de tâches prescrites par l'art. 9 de la présente loi;

4.° Sont consultés sur les alignements et les autorisations de construire ou de réparer les bâtiments riverains des chemins vicinaux;

5.° Ils exercent, en ce qui concerne l'ouverture ou l'exploitation des carrières, l'extraction ou la réunion des matériaux, tous les droits attribués par les lois aux agents de la grande voirie.

Art. 25. Il pourra être établi, d'après l'avis du conseil d'arrondissement, des cantonniers sur les chemins vicinaux. Leur traitement, fixé par le préfet, sur l'avis du même conseil, sera imputé sur les ressources affectées à l'entretien de la ligne vicinale à laquelle ils sont attachés ; ces agents seront nommés par le sous-préfet, et révocables par le préfet.

Ils sont placés sous la direction immédiate des agents-voyers. Ils prêteront serment entre les mains du juge de paix.

Art. 26. Dans l'année qui suivra la promulgation de la présente loi, chaque préfet fera, pour en assurer l'exécution dans son département, un règlement qui, après avoir été communiqué au conseil général, et approuvé par le ministre de l'intérieur, sera exécuté comme règlement d'administration publique.

Ce règlement fixera les délais nécessaires à l'exécution de chaque mesure, et statuera en même temps sur tout ce qui est relatif aux adjudications et à leurs formes, aux alignements, aux autorisations de construire le long des chemins, aux plantations, à l'élagage, aux fossés et à leur curage, et à tous autres détails de surveillance et de conservation.

Art. 27. Lorsque le maire et le conseil municipal n'auront pas exécuté, dans les délais prescrits par le règlement général, les opérations administratives qui leur sont attribuées, il y sera pourvu d'office, par le préfet aux frais de la commune.

Art. 28. Les contraventions relatives à la police des chemins vicinaux des communes seront constatées par les maires, adjoints, agents-voyers, cantonniers, gendarmes, gardes-champêtres et forestiers.

Les procès-verbaux, autres que ceux dressés par les maires et adjoints, seront affirmés, dans les vingt-quatre heures, devant l'autorité municipale ou le juge de paix.

Motifs contraires, pag. 117-120.

Tous procès-verbaux devront être enregistrés dans les trois jours, et feront foi jusqu'à preuve contraire.

Art. 29. Le tribunal de simple police connaît, sauf appel, des anticipations, empiètements, dégradations ou toutes autres entreprises sur les chemins *vicinaux* ou *communaux*, sur les arbres et les haies, sur les objets qui en dépendent, sur tous les matériaux destinés à leur entretien, et généralement toutes contraventions commises sur lesdits chemins, contrairement au règlement arrêté en vertu de l'art. 26 de la présente loi.

Il ordonne immédiatement les restitutions et les réparations, sous les réserves des questions de propriété et de servitudes, qui seront portées devant les tribunaux.

Néanmoins, en cas d'urgence, le sous-préfet pourra ordonner les mesures provisoires qu'il jugera nécessaires pour rétablir et maintenir les communications indispensables.

Si les limites d'un chemin sont contestées, le préfet les déclarera par un arrêté spécial qui précédera le jugement.

Les réparations ordonnées par le tribunal de police seront faites à la diligence du maire, aux frais du contrevenant, et la dépense en sera recouvrée de la même manière que les amendes de police.

Art. 30. Lorsqu'une des portions de terrain dévolues à un chemin sera reconnue appartenir à l'un des propriétaires riverains, le droit de propriété se résoudra en une indemnité qui sera réglée comme il est dit à l'art. 22 de la présente loi.

Motifs contraires, ci-dessous (1)

Art. 31. Toute contravention sera punie d'une amende d'*un franc* à *quinze francs*, indépendamment des restitutions et réparations qui pourront être ordonnées lorsqu'il y aura lieu.

Motifs contraires, ci-dessous (2).

---

(1) Cet article est inutile. Il ne fait que reproduire le principe fondamental de l'expropriation pour cause d'utilité publique, établi ailleurs d'une manière plus générale et plus convenable.

(2) La limite de 50 fr. établie par le projet du gouvernement, nous paraît préférable, parce qu'elle permet de mieux graduer

En cas de récidive, l'amende sera doublée, sans pouvoir toutefois dépasser le *maximum*, et il pourra y avoir lieu, en outre, à l'application de l'art. 482 du code pénal.

Art. 32 Les actions civiles intentées par les communes, ou dirigées contre elles, par suite de la présente loi, seront jugées comme affaires sommaires et urgentes.

Art. 33. La loi du 28 juillet 1824, et toutes dispositions contraires à la présente loi sont et demeurent abrogées.

---

l'importance des infractions. 15 fr. sont évidemment un maximum trop peu élevé pour obtenir ce résultat d'une manière convenable. Quant à la considération tirée de ce que le nom de *contravention* a été refusé jusqu'à ce jour aux infractions qui exigeaient plus de 15 fr. d'amende, elle nous paraît sans force; et lorsqu'il n'y a à modifier qu'une dénomination, la forme ne doit pas emporter le fond.

TABLE DES MATIÈRES.

CHAPITRE I.er

ORGANISATION ACTUELLE DES VOIES DE COMMUNICATION EN ANGLETERRE ET EN FRANCE.

CHAPITRE III.

VOIES ET MOYENS.

FIN.

www.ingramcontent.com/pod-product-compliance
Ingram Content Group UK Ltd.
Pitfield, Milton Keynes, MK11 3LW, UK
UKHW021055200726
13857UKWH00003B/931